普通高等教育系列教材

AutoCAD 2024 实用教程

邹玉堂 刘德良 原 彬 **等编著**

机械工业出版社

本书介绍了 AutoCAD 2024 的基本内容、使用方法和绘图的技能技巧。本书共 12 章，主要内容有：AutoCAD 2024 概述、平面绘图、平面图形的编辑、图层、绘图技巧、尺寸标注与引线、图案填充、块与属性、三维绘图基础知识、三维建模、三维操作、输出与打印图形等。

为适应线上教学及线上线下混合教学的需要，本书采用了多媒体立体化教材的形式，读者可通过扫描书中二维码观看讲解视频及动画。

本书结构严谨，文笔流畅，内容由浅入深、讲解循序渐进，绘图方法简捷实用，可作为高等院校相关专业学生、工程技术人员、相关领域培训班和 AutoCAD 初、中级学习者的学习教材和参考书。

本书配有授课电子课件，需要的教师可登录 www.cmpedu.com 免费注册，审核通过后下载，或联系编辑索取（微信：13146070618，电话：010-88379739）。

图书在版编目（CIP）数据

AutoCAD 2024 实用教程／邹玉堂等编著. -- 北京：
机械工业出版社，2025. 6. --（普通高等教育系列教材
）. -- ISBN 978-7-111-77988-9

Ⅰ. TP391. 72

中国国家版本馆 CIP 数据核字第 2025TZ2154 号

机械工业出版社（北京市百万庄大街 22 号　邮政编码 100037）
策划编辑：解　芳　　　　　责任编辑：解　芳
责任校对：梁　园　张亚楠　　责任印制：张　博
北京建宏印刷有限公司印刷
2025 年 6 月第 1 版第 1 次印刷
184mm×260mm · 15.25 印张 · 374 千字
标准书号：ISBN 978-7-111-77988-9
定价：59.90 元

电话服务　　　　　　　　　网络服务
客服电话：010-88361066　　机 工 官 网：www.cmpbook.com
　　　　　010-88379833　　机 工 官 博：weibo.com/cmp1952
　　　　　010-68326294　　金 书 网：www.golden-book.com
封底无防伪标均为盗版　　机工教育服务网：www.cmpedu.com

前　　言

AutoCAD 2024 是 Autodesk 公司推出的计算机辅助设计软件，以其强大的二维绘图功能、增强的三维建模功能、直观的使用方法、稳定的性能和便利的交互式操作风格赢得了广大用户的喜爱，是当今科技工作者使用最为广泛的 CAD 产品之一，广泛应用于机械、电气、建筑、造船、航空航天、冶金、轻工、电子、土木工程、石油化工、地质、气象、纺织等领域。

AutoCAD 是一种功能强大的绘图软件，使用它能够绘制出符合国家标准规定的工程图样。本书将国家标准《CAD 工程制图规则》（GB/T 18229—2000）（该标准规定了用计算机绘制工程图的基本规则，适用于机械、电气、建筑等领域的工程制图以及相关文件）的相关规定有机地融入书中内容。学习本教程，既学习了计算机绘图的技能和技巧，又掌握了计算机绘制工程图样的标准要求，可谓一举两得。

为适应线上教学及线上线下混合教学的需要，本书采用了多媒体立体化教材的形式，读者可通过扫描书中二维码观看讲解视频及动画。

本书作者多年来一直从事 AutoCAD 的教学与科研工作，积累了丰富的教学经验，掌握了娴熟的绘图技能技巧，并使用 AutoCAD 软件设计与绘制了大量的工程图样。本书力争使用精练的语言、合理的结构和通俗易懂的使用方法将 AutoCAD 2024 介绍给广大的读者。

为便于写作与阅读，本书做如下约定：

1）AutoCAD 2024 的命令行输入使用大、小写字母均可，为便于统一，本书一律采用大写字母。

2）本书采用“↵”符号作为〈Enter〉键符号。

本书由邹玉堂、刘德良、原彬等编著，王淑英、孙昂、曹淑华、于彦、于哲夫也参与了编写工作。本书在编写过程中，得到了机械工业出版社的大力支持，在此表示衷心的感谢。

由于编者水平有限，书中的错误与不足之处在所难免，恳请广大读者批评指正。

编　者

目　　录

第1章　AutoCAD 2024 概述

本章主要内容：

● AutoCAD 2024 新增功能
● AutoCAD 2024 的工作界面
● AutoCAD 2024 的文件管理

计算机辅助设计与绘图作为 CAD 的一项重要功能目前已被广泛应用，而 AutoCAD 作为该功能的主流软件也越来越为用户所重视。

1.1　AutoCAD 2024 软件介绍

AutoCAD 是 Autodesk 公司开发的一款交互式计算机辅助设计与绘图软件。AutoCAD 具有强大的二维和三维绘图功能，自 1982 年推出以来，不断完善与改进，吸取计算机技术的最新成果，博采众家之长，一直领先于 CAD 软件市场，是当今世界上应用最为广泛的工程绘图软件之一，在机械、电子、造船、汽车、城市规划、建筑、测绘等许多行业得到了广泛的应用。

1.1.1　AutoCAD 软件的主要功能

1. 绘图功能

AutoCAD 是一种交互式的绘图软件，用户可以简单地使用键盘输入或者鼠标单击激活命令，系统会提示信息或发出绘图指令，使得计算机绘图变得简单而易学。

用户可以使用基本绘图命令绘制常用的规则图形或形体，还可以通过块插入、CAD 设计中心或网络功能插入标准件或常用图形，使得绘制图形快捷而高效。

辅助功能包括对象捕捉功能、正交绘图功能、对象追踪功能、动态输入等，使得绘图更加方便、快捷与准确。

2. 图形编辑功能

AutoCAD 具有强大的图形编辑功能，通过复制、平移、旋转、缩放、镜像、阵列等图形编辑功能，可以使绘制图形事半功倍，布尔运算使得三维复杂实体的生成变得简单而易于掌握。

3. 三维建模功能

AutoCAD 具有强大的三维建模功能，用来创建用户设计的实体、线框或网格模型，并可用于检查干涉、渲染、执行工程分析等。

4. 尺寸标注功能

工程图样中都需要标注尺寸，AutoCAD 在标注时不但能够自动给出真实的尺寸，而且可以方便地通过编辑与样式设置改变尺寸大小、比例和标注样式。

5. 打印输出功能

图形绘制好以后，AutoCAD 可以方便地通过绘图仪、打印机等打印输出设备将图形显示在纸介质上。

AutoCAD 绘制好的图形可以用不同的文件格式传输给其他软件使用，便于数据的共享及资源的最大利用。例如，AutoCAD 绘制的三维实体可以传输到 3DS MAX 软件中进行渲染或制作动画。

6. 网络传输功能

AutoCAD 具有网络传输功能。使用 Internet 功能，用户可以方便地浏览世界各地的网站，获取有用的信息，可以下载需要的图形，也可以将绘制好的图形通过网络传输出去，从而实现多用户对图形资源的共享。

7. 二次开发功能

AutoCAD 具有通用性、易用性，但对于特定的行业，如机械、建筑，在计算机辅助设计中又有特殊的要求。AutoCAD 允许用户和开发者采用 AutoLISP、ObjectARX、VBA 等高级编程语言对其进行扩充和修改（二次开发），能最大限度地满足用户的特殊要求。

1.1.2　AutoCAD 2024 软件的主要配置及运行环境

AutoCAD 2024 安装和运行于 64 位 Windows 11 和 Windows 10 版本或更高版本。

对于处理器，CPU 的主频基本要求：2.5~2.9 GHz 处理器（基础版），不支持 ARM 处理器。基础版软件建议采用 3GHz 以上处理器，Turbo 版软件建议采用 4GHz 以上处理器。内存基本要求为 8GB 以上，建议内存 32GB 以上。传统常规显示器推荐 1920×1080 真彩色显示器，高分辨率和 4K 显示使用"建议"的显卡可支持高达 3840×2160 的分辨率。显卡基本要求：2GB GPU，具有 29GB/s 带宽并兼容 DirectX 11，建议：8GB GPU，具有 106GB/s 带宽并兼容 DirectX 12，硬盘空间 10GB 以上。

1.2　AutoCAD 2024 新增功能介绍

AutoCAD 2024 比以前的版本新增了许多功能，原有的功能也在许多方面得到了加强。AutoCAD 2024 改进了"开始"选项卡，使用了新的"文件"选项卡和"布局"选项卡，新增了智能块的放置和替换功能、活动见解功能，改进了辅助标记和跟踪等功能。通过这些改进，可以使用户更快、更轻松、更有效地进行设计和绘图。新增和改进功能主要体现在以下几个方面。

1. 改进了"开始"选项卡

AutoCAD 2024 添加了一些选项，可以更轻松地对最近使用的项目列表进行排序和搜索。

（1）排序依据的调整

如图 1-1 所示，单击"排序依据"下拉列表框可选按"名称"或按"上次打开时间"进行排序。如果需要反转排序顺序，可单击下拉列表框旁边的箭头。

微课 1-1　"开始"选项卡

（2）项目固定

如图1-2所示，将鼠标指针悬停在图形的缩略图上时，图钉图标会显示在左上角，单击图钉图标可将该项目固定在列表最前方。

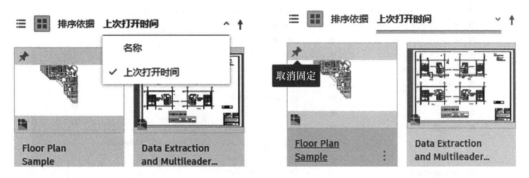

图1-1 "排序"列表　　　　　　　　图1-2 项目固定图钉

（3）列表视图

如图1-3所示，单击左侧的"列表视图"按钮，可进入列表视图。

图1-3 进入列表视图

（4）列表的排序与固定位置

如图1-4所示，单击"上次打开时间"右侧的箭头，可以改变列表的排序方向。

图1-4 列表视图排序

如图1-5所示，在列表视图中，可以通过单击"列设置"按钮来自定义列标题。"名称"和"已固定"是永久列。也可以拖动项目更改列顺序。

图 1-5 "列设置"列表

微课 1-2 "文
件"和"布局"
选项卡菜单

2. 提供了"文件"和"布局"选项卡菜单

如图 1-6 所示，利用选项卡菜单，可以以一种更方便的方式来访问上下文菜单上提供的选项。

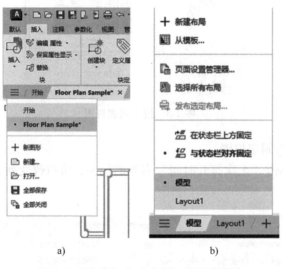

a)   b)

图 1-6 "文件"和"布局"选项卡菜单
a)"文件"选项卡菜单 b)"布局"选项卡菜单

微课 1-3 "智
能块"放置

3. "智能块"放置和替换功能

新的智能块功能可以根据用户之前在图形中放置某个块的位置来提供放置建议。块放置引擎会学习现有块实例在图形中的放置方式，以推断相同块的下次放置位置。插入块时，该引擎会提供接近于用户之前放置该块的类似几何图形的放置建议。如图 1-7 所示，如果已将椅子块放置在靠近墙角的位置，则当再次插入相同的椅子块实例时，AutoCAD 会在用户将椅子块移近类似位置时自动定位该椅子块。移动块时，墙会亮显，并会调整椅子块的位置、旋转角度和比例以匹配其他块实例。可以单击接受系统建议、按〈Ctrl〉键切换为其他建议，或将指针移开以忽略当前系统建议。按〈Shift+W〉或〈Shift+［〉键可以在插入或移动块时临时关闭系统建议。

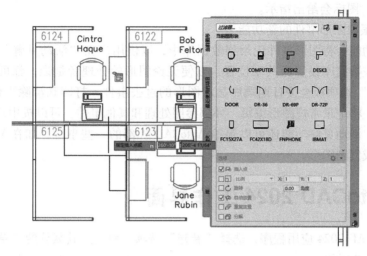

图 1-7　智能块放置

在替换块时（见图1-8），首先选择要替换的块，可以选择多个块，但所有选定块的名称必须相同。可以在功能区"插入"面板中选择"替换"，也可以在"特性"选项板中选择"替换"。选项板中会提供类似建议块，来替换指定的块参照。替换块参照后，将保留原始块的比例、旋转角度和属性值。

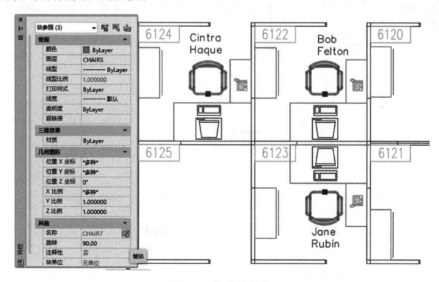

图 1-8　智能块替换

4. 其他新增功能

（1）标记辅助功能

AutoCAD 2024 版本有"标记输入"和"标记辅助"功能，它们使用机器学习来识别标记，并提供了一种以较少的手动操作查看和插入图形修订的方法。AutoCAD 2024 版本对"标记辅助"功能做了改进，从而可更轻松地将标记输入到图形中。"标记辅助"功能可以检测和识别展平 PDF 中的标记。当使用"标记辅助"功能检测标记时，"跟踪"工具栏上的"标记辅助"图标会给出指示。

（2）用于跟踪图形事件的新功能

活动见解功能会将图形事件记录到数据库中，以供用户在"活动见解"选项板上进行查看，建议将该数据库设置为共享位置，以便无论图形的处理者是谁，都可以记录所有活动。"活动见解"选项板会按日期顺序显示图形的过去事件，打印和清除事件会立即记录。当保存图形时，将记录常规图形编辑、外部参照处理和其他事件，可以按用户、日期和事件类型过滤事件。活动见解功能还可以跟踪 AutoCAD 外部的一些事件，如在 Windows 资源管理器中重命名或复制图形。

1.3　AutoCAD 2024 工作界面

启动 AutoCAD 2024 应用程序，选择"新建"选项，将进入其默认的"草图与注释"工作界面，如图 1-9 所示。

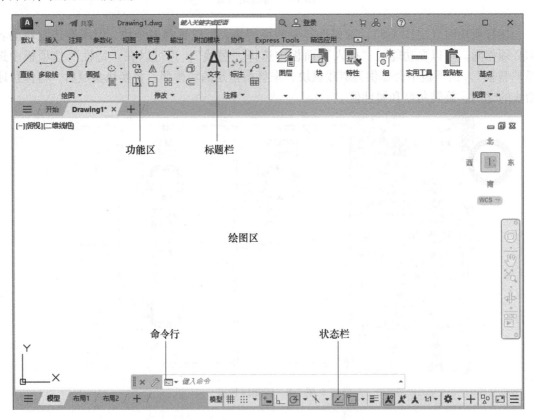

图 1-9　AutoCAD 2024 的工作界面

AutoCAD 2024 的工作界面主要由标题栏、功能区、绘图区、命令行、状态栏、屏幕快捷菜单等组成。

1. 标题栏

标题栏在工作界面的最上方，其左端显示软件的图标、快捷访问工具栏、软件的版本、当前图形的文件名称，右端为 — □ × 按钮，可以最小化、最大化或者关闭 AutoCAD 2024 的工作界面。

右键单击标题栏（右端按钮除外），系统将弹出一个对话框，该对话框除了具有最小化、最大化或者关闭的功能外，还具有移动、还原、改变 AutoCAD 2024 工作界面大小的功能。

2. 功能区

功能区包括"默认""插入""注释""参数化""视图""管理""输出""附加模块""协作""Express Tools""精选应用"11 个选项卡，如图 1-10 所示。每个选项卡集成了相关的操作工具，方便用户的使用。用户可以单击功能区选项后面的 ⊡▾ 按钮，控制功能的展开与收缩。

图 1-10　功能区

3. 绘图区、十字光标、坐标系图标和滚动条

绘图区是绘制图形的区域。

绘图区内有一个十字光标，其随鼠标的移动而移动，它的功能是绘图、选择对象等。光标十字线的大小可以调整，调整的方法如下。

1）在绘图区窗口右键单击鼠标，在弹出的屏幕快捷菜单中选择"选项"，屏幕将弹出"选项"对话框，如图 1-11 所示。

2）选择"显示"选项卡，调整对话框右下角"十字光标大小"文本框的数值（或滑动该文本框右侧的滑块），可以改变十字光标的大小。

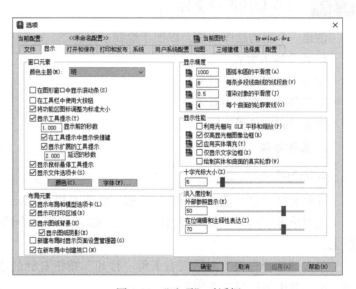

图 1-11　"选项"对话框

绘图区的左下角是坐标系图标，它主要用来显示当前使用的坐标系及坐标的方向。

滚动条位于绘图区的右侧和底边，单击并拖动滚动条，可以使图样沿水平或竖直方向移动。

4. 命令行和命令窗口

命令窗口位于绘图区的下方，主要用来接受用户输入的命令和显示 AutoCAD 2024 系统的提示信息。默认情况下，命令窗口只显示 1 行命令，若想查看以前输入的命令或 AutoCAD 2024 系统所提示的信息，可以单击命令窗口的上边缘并向上拖动，或在键盘上按〈F2〉快捷键，屏幕上将弹出"AutoCAD 文本窗口"对话框。

AutoCAD 2024 的命令窗口是浮动窗口，可以将其拖动到工作界面的任意位置。

5. 状态栏

状态栏位于 AutoCAD 2024 工作界面的最下边，主要用来显示 AutoCAD 2024 的绘图状态，如当前十字光标位置的坐标值、绘图时是否打开了正交、对象捕捉、对象追踪等功能。这些功能的用法可参考本书第 5 章绘图技巧。

6. 屏幕快捷菜单

在工作界面的不同位置、不同状态下单击右键，屏幕上将弹出不同的屏幕快捷菜单，使用屏幕快捷菜单可以使绘制、编辑图样更加方便、快捷。

1.4　AutoCAD 2024 图形文件管理

图形文件管理包括建立新的图形文件、打开已有的图形文件、保存现有的图形文件等操作。AutoCAD 2024 将这三种操作的对话框设计成相似的模式，如图 1-12 ~ 图 1-14 所示，并在快捷访问工具栏上将它们归为一组。

1.4.1　建立新的图形文件

创建一个新的绘图文件，以便于绘制一张新图。

1. 命令输入方式

命令行：NEW（QNEW）

下拉菜单：文件→新建…

快捷访问工具栏：🗋

2. 操作步骤

命令：NEW ↵

屏幕上将弹出"选择样板"对话框，如图 1-12 所示。

此时单击"打开"或"取消"按钮，都会新建一个绘图文件，文件名将显示在标题栏上。

单击"选择样板"对话框右下角"打开"按钮右侧的小三角形 ▾ 符号，将弹出一个选项菜单，其中各选项含义如下。

● 选择"无样板打开-英制（I）"选项，将新建英制无样板打开的绘图文件。

● 选择"无样板打开-公制（M）"选项，将新建公制无样板打开的绘图文件。

● 选择"打开"选项，将基于样板新建一个绘图文件。

图 1-12 "选择样板"对话框

1.4.2 打开已有的图形文件

打开已有的图形文件，以便于继续绘图、编辑或进行其他操作。

1. 命令输入方式

命令行：OPEN（打开）

下拉菜单：文件→打开…

快捷访问工具栏：

快捷键：〈Ctrl+O〉

2. 操作步骤

命令:OPEN ↵

输入命令后，屏幕上将弹出"选择文件"对话框，如图 1-13 所示。

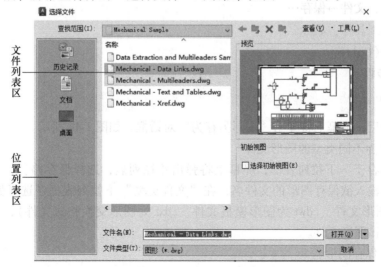

图 1-13 "选择文件"对话框

（1）打开文件

单击"查找范围"下拉列表框，对话框上将弹出路径列表，选择路径，找到要打开的文件名（此时对话框右上角"预览"窗口将显示该图形），单击"打开"按钮即可打开该图形文件。

AutoCAD 2024 允许同时打开多个图形文件，单击"窗口"下拉菜单，选择不同的文件名，可以对已打开的图形文件进行切换。

（2）在位置列表区中添加或删除文件夹

"选择文件"对话框左侧的位置列表区（见图 1-13），提供了对预定义文件夹位置的快速访问。可以将常用的文件夹添加到位置列表区，以方便打开文件。

将文件夹添加到位置列表区的方法是：在文件列表区单击欲添加的文件夹并拖动至位置列表区。若想取消位置列表区中的某个文件夹，右键单击该文件夹，在弹出的快捷菜单中选择"删除"即可。

（3）"选择文件"对话框上按钮的含义

● ← （后退）：返回到上一个文件的位置。

● ⬆ （向上一级）：回到当前路径树的上一级。

● ✖ （删除）：删除选定的文件或文件夹。

● ⬆ （创建新文件夹）：用指定的名称在当前路径中创建一个新文件夹。

● 查看(V) ▼控制文件列表的外观并指定是否显示预览图像。

● 工具(L) ▼提供了"查找""定位""添加/修改 FTP 位置"等命令工具。

1.4.3 保存现有的图形文件

将现有的图形文件存盘，以备后用。

1. 命令输入方式

命令行：SAVE（保存）

下拉菜单：文件→保存…

快捷访问工具栏：💾

快捷键：〈Ctrl+S〉

2. 操作步骤

命令:SAVE ↵

输入命令后，屏幕上将弹出"图形另存为"对话框，如图 1-14 所示。

（1）保存为不同类型的图形文件

单击"保存于"下拉列表框，屏幕上将弹出路径列表，选择保存路径，在"文件名"下拉列表框中输入欲保存图形的文件名，在"文件类型"下拉列表框中选择保存文件的格式（.dwg 为图形文件，.dwt 为图形模板文件，.dxf 为图形交换格式文件），单击"保存"按钮即可保存该图形文件。

（2）自动保存图形

在命令窗口右键单击鼠标，在弹出的屏幕快捷菜单中选择"选项"，打开"选项"对话

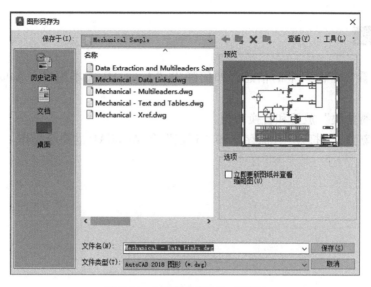

图 1-14　"图形另存为"对话框

框。选择"打开和保存"选项卡，在"文件安全措施"选项组内勾选"自动保存"选项，则 AutoCAD 2024 将按照"保存间隔分钟数"文本框中设置的时间自动保存图形。

1.5　退出 AutoCAD 2024

退出 AutoCAD 2024 的方法有四种。

1. 使用"关闭"图标按钮退出 AutoCAD 2024

单击工作界面右上角的 ✕ "关闭"图标按钮，可以退出 AutoCAD 2024。如果当前图形没有存盘，屏幕上会弹出如图 1-15 所示的对话框。

图 1-15　AutoCAD 对话框

- 单击"是（Y）"按钮，则表示要存盘退出，此时屏幕上将弹出如图 1-14 所示的"图形另存为"对话框，可以按原名保存，也可以换名保存，单击"保存"按钮即可存盘退出。
- 单击"否（N）"按钮，则不存盘退出。
- 单击"取消"按钮，则取消退出操作。

2. 使用快捷键退出 AutoCAD 2024

在键盘上按〈Ctrl+Q〉快捷键，可以退出 AutoCAD 2024。

3. 使用下拉菜单中"关闭"选项退出 AutoCAD 2024

单击 AutoCAD 程序图标的三角符号，在下拉菜单中选择"关闭"选项，可以退出 Auto-CAD 2024。

4. 使用 QUIT 命令退出 AutoCAD 2024

在命令行输入 QUIT 命令，然后按〈Enter〉键，可以退出 AutoCAD 2024。

1.6 习题

1. 如何查看命令窗口中的信息？如何弹出"AutoCAD 文本窗口（AutoCAD Text Window）"？

2. 练习"智能块"放置和替换功能。

3. 掌握"新建""打开""保存"和"退出"等 AutoCAD 的命令操作。

第 2 章 平 面 绘 图

本章主要内容：

- AutoCAD 2024 平面绘图的基础知识
- AutoCAD 2024 的二维绘图功能
- AutoCAD 2024 创建和编辑文字

使用 AutoCAD 正式绘图之前需要进行绘图环境的设置，这是图形绘制的基础工作，其主要包括图形单位、坐标系等。而一旦开始绘图，则必须掌握直线、圆和圆弧、矩形、正多边形等基本绘图命令，因为无论多么复杂的图形都是由这些基本的图形组合而成的。只有熟练、正确运用这些基本绘图功能，才能使用 AutoCAD 高效地绘图。

2.1 平面绘图基础

2.1.1 绘图界限

设置一个矩形的绘图界限。启用该命令后，绘图只能在界限内进行。

1. 命令输入方式

命令行：LIMITS

2. 操作步骤

命令：LIMITS ↵
重新设置模型空间界限：
指定左下角点或［开（ON）/关（OFF）］<0.0000,0.0000>:（输入左下角点坐标）↵
指定右上角点 <420.0000,297.0000>:（输入右上角点坐标）↵

执行结果：AutoCAD 2024 设置了以左下角点和右上角点为对角点的矩形绘图界限（默认时，AutoCAD 2024 给定的是 A3 图幅的绘图界限）。

若选择"开（ON）"，则只能在设定的界限内绘图；若选择"关（OFF）"，则绘图没有界限限制（默认状态下，为关状态）。

2.1.2 绘图单位

设置绘图使用的长度单位、角度单位以及显示单位的格式和精度等。

1. 命令输入方式

命令行：UNITS

快捷方式：应用程序 A →图形使用工具 → "单位" 0.0

2. 操作步骤

命令：UNITS ↵

屏幕将弹出"图形单位"对话框,如图 2-1 所示。

(1)设置长度单位

在"长度"选项组中可以设置绘图的长度单位及其精度。

在"类型(T)"下拉列表框中提供了"小数""分数""工程""建筑""科学"5 种长度单位类型。其中,"工程"和"建筑"的单位以英制表示。

在"精度(P)"下拉列表框中可以设置长度值显示时所采用的小数位数或分数大小。

(2)设置角度单位

"角度"选项组,可以设置绘图的角度格式及其显示精度。

图 2-1 "图形单位"对话框

在"类型(Y)"下拉列表框中提供了"十进制度数""弧度""度/分/秒""百分度""勘测单位"5 种角度显示格式。

在"精度(N)"下拉列表框中可以设置当前角度显示的精度。

选中"顺时针(C)"复选按钮,则设置顺时针方向为角度的正方向。

(3)插入时的缩放单位

单击该选项组中的下拉列表可为插入到当前图形中的块或图形选择插入单位。图形创建时的单位与插入时的单位可以不相同。

(4)输出样例

对话框下端的"输出样例"列表框内显示了当前长度单位和角度设置的样例。

(5)光源

控制当前图形中光源强度的测量单位。有"国际""美国"两种单位。

2.1.3 AutoCAD 2024 常用的命令输入方式

AutoCAD 2024 常用的命令输入方式一般有三种,分别为命令行输入、选项卡命令按钮输入、快捷键或命令别名输入。可以采用其中的任意一种方式绘图,但绘图的快捷与方便程度是按照上述三种方式递增的。

1. 命令行输入

在命令窗口中的"命令:"后输入绘图命令并按〈Enter〉键,命令行将提示信息或指令,可以根据提示进行相应的操作。

命令行输入是 AutoCAD 最基本的输入方式,所有的绘图都可以通过命令行输入完成。

2. 选项卡命令按钮输入

可以采用单击选项卡显示面板上命令按钮的方式绘图,这是 AutoCAD 2024 最常用的绘图方法。

但是命令按钮的使用受到显示面板大小的限制,不可能同时将所有的命令按钮都显示出来,因此只显示常用按钮。当需要集中执行某些命令时,用户可以自定义界面设置。

3. 快捷键或命令别名输入

快捷键或命令别名输入方式是 AutoCAD 命令输入的快捷方式。使用这种方式可以不需要命令按钮，而采用"清除屏幕"显示命令，一些 AutoCAD 的高级用户喜欢使用这种方式。

需要说明的是：命令别名是指简化的命令名称，便于用户从键盘输入命令，操作起来类似于快捷键（如 Line 的命令别名为 L），所以本书将命令别名与快捷键归为一类。

本书的每一个命令，都按照命令行输入→选项卡命令按钮输入→快捷键或命令别名输入的顺序给出，但建议在熟悉各命令以后，尽可能采用后面的输入方式，这样绘图会更加方便和快捷，绘图效率会更高。

另外，在不执行命令的情况下，按〈Enter〉键或在绘图区中单击鼠标右键并在快捷菜单中进行相应选择都可以重复上一次操作的命令。

2.1.4 坐标系与坐标输入

在 AutoCAD 二维绘图中，一般使用直角坐标系或极坐标系输入坐标值。这两种坐标系，都包含了绝对坐标和相对坐标两种形式。

1. 直角坐标系

直角坐标系也称笛卡儿坐标系，它有 X、Y 和 Z 三个坐标轴，且两两垂直相交。AutoCAD 二维绘图是在 XY 平面上绘图，X 轴为水平方向，Y 轴为竖直方向，两轴的交点为坐标原点，即（0，0）点，默认的坐标原点位于绘图窗口的左下角。

（1）绝对直角坐标

绝对直角坐标是指相对于坐标原点的坐标。输入坐标值时，需要给出相对于坐标系原点沿 X、Y 轴的距离及其方向（正或负）。

要使用绝对直角坐标值指定点，应输入用逗号隔开的 X 值和 Y 值，即（X，Y）。例如，坐标（5，8）是指在 X 轴正方向距离原点 5 个单位、在 Y 轴正方向距离原点 8 个单位的一个点。要绘制一条起点为（-20，60），终点为（40，10）的直线，用绝对直角坐标输入的方法为：

```
命令:LINE ↵
指定第一点:-20,60 ↵
指定下一点或[放弃(U)]:40,10 ↵
```

AutoCAD 执行后，绘制的直线如图 2-2 所示。

（2）相对直角坐标

相对直角坐标是基于上一个输入点的坐标。如果知道某点与前一点的位置关系，可以使用相对直角坐标。要指定相对直角坐标，需要在坐标前面添加一个"@"符号。例如，坐标（@10，15）是指在 X 轴正方向距离上一指定点 10 个单位，在 Y 轴正方向距离上一指定点 15 个单位的一个点。使用相对直角坐标绘制一条直线，该直线起点的绝对坐标为（-20，10），其终点的绝对坐标为（30，20）。用相对直角坐标输入的方法为：

```
命令:LINE ↵
指定第一点:-20,10 ↵
指定下一点或[放弃(U)]:@50,10 ↵
```

AutoCAD 执行后，绘制的直线如图 2-3 所示。

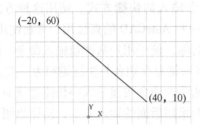

图 2-2 绝对直角坐标的输入   图 2-3 相对直角坐标的输入

2. 极坐标系

极坐标系使用距离和角度定位点。

要输入极坐标，需要输入距离和角度，并使用小于号"<"隔开。默认情况下，角度逆时针方向为正，顺时针方向为负。例如，输入"10<330"与输入"10<-30"结果相同。

（1）绝对极坐标

绝对极坐标是指相对于坐标原点的极坐标表示。例如，坐标（5<45）是指从 X 轴正方向逆时针旋转 45°，距离原点 5 个单位的点。要绘制如图 2-4 所示的两条直线，用绝对极坐标输入的方法为：

```
命令:LINE ↵
指定第一点:0,0 ↵
指定下一点或[放弃(U)]:4<120 ↵
指定下一点或[放弃(U)]:5<30 ↵
```

（2）相对极坐标

相对极坐标是基于上一个输入点的坐标。例如，相对于前一点距离为 10 个单位，角度为 45°的点，应输入"@ 10<45"。要绘制如图 2-5 所示的最后一段直线，用相对极坐标输入的方法为：

```
指定下一点或[放弃(U)]:@ 3<45 ↵
```

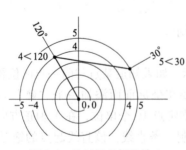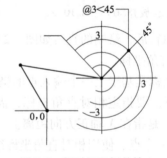

图 2-4 绝对极坐标的输入   图 2-5 相对极坐标的输入

3. 坐标的动态输入

启用动态输入模式，用户可以直接在光标处快速启动命令、读取提示和输入值，而不需要把注意力分散到图形编辑器外。这使得用户可以在创建和编辑几何图形时动态查看标注

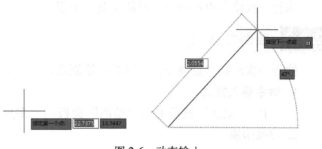

值，如长度和角度。如图 2-6 所
示，绘制直线时可以利用动态输
入的方法，直接在屏幕上输入坐
标值。通过〈Tab〉键可在多个值之
间切换。

图 2-6　动态输入

单击状态栏中的 按钮可以
切换动态显示的开和关。动态输入
的详细内容可以参考 5.2.4 节动态
输入的介绍。

4. 坐标值的显示

AutoCAD 在工作界面底部的状态栏中显示有当前光标位置的坐标值。也可以单击"默认"选项卡→"实用"面板→"点坐标"按钮，显示点的坐标值。

2.2　绘制点

点的输入是 AutoCAD 最基本的绘图命令，所以绘图命令从点开始介绍。

2.2.1　设置点的显示样式

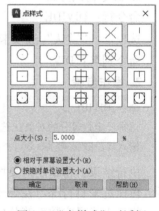

单击"默认"选项卡→"实用"面板→"点样式"按钮
，弹出"点样式"对话框，如图 2-7 所示。该对话框给出了
点的 20 种屏幕显示样式，可以任选一种。默认时，AutoCAD
给出的是小圆点样式。

图 2-7　"点样式"对话框

改变对话框上"点大小"文本框中的数值，可以改变点
样式的大小，其下面两个选项的含义如下。

- 相对于屏幕设置大小（R）：选择该选项时，"点大小"
  文本框中的值表示点的尺寸相对于绘图窗口高度的百
  分比。
- 按绝对单位设置大小（A）：选择该选项时，"点大小"
  文本框中的值表示点样式的绝对尺寸。

2.2.2　绘制单点

1. 命令输入方式

命令行：POINT

2. 操作步骤

命令：POINT
当前点模式：PDMODE=3　PDSIZE=0.0000(当前点模式)
指定点:(输入点的坐标或在屏幕适当位置左键单击)↵

执行结果：在指定位置绘制了一个点，此时命令行将回到命令状态。

执行一次绘制单点命令，只能绘制一个点。

2.2.3 绘制多点

执行一次绘制多点命令，可以连续绘制点。

1. 命令输入方式

选项卡："默认"选项卡→"绘图"面板→"多点"⁝⁞

2. 操作步骤

命令：单击"多点"按钮⁝⁞

> 当前点模式：PDMODE = 3 PDSIZE = 0.0000（当前点模式）
> 指定点：（输入点的坐标或在屏幕适当位置左键单击）↵

执行结果：在指定位置绘制了一个点，此时命令行状态不变，可以继续绘制点。
在执行"多点"命令之前，先把点样式修改为包含线段的样式，否则点显示不明显。

2.2.4 绘制定数等分点

将指定对象按照指定数目等分或在等分点插入块。

1. 命令输入方式

命令行：DIVIDE

选项卡："默认"选项卡→"绘图"面板→"定数等分"

命令别名：DIV

2. 操作步骤

> 命令：DIVIDE ↵
> 选择要定数等分的对象：（选择要等分的对象）
> 输入线段数目或[块(B)]：（输入等分数目）↵

执行结果：将指定对象按照指定数目进行了等分（待读者学完第 8 章块与属性的内容后，再回过来自行练习在等分点插入块的操作）。

将一直线段定数五等分如图 2-8 所示（注意选择点的显示样式）。

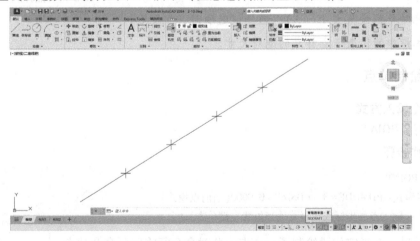

图 2-8 将直线段定数五等分

2.2.5 绘制定距等分点

将指定对象按照指定长度等分或在等分点插入块。

1. 命令输入方式

命令行：MEASURE

选项卡："默认"选项卡→"绘图"面板→"定距等分"

命令别名：ME

2. 操作步骤

命令：MEASURE ↵

选择要定距等分的对象：(选择要等分的对象)

指定线段长度或[块]：(输入指定长度)↵

执行结果：将指定对象按照指定长度进行了等分。起始点为靠近鼠标指定点的一端。图 2-9 所示为将一直线段定距四等分。

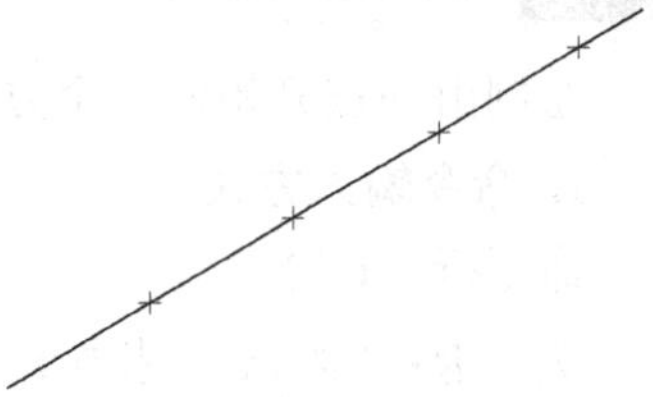

2.3 绘制线

2.3.1 绘制直线段

图 2-9 将直线段定距四等分

绘制两点确定的直线段。

1. 命令输入方式

命令行：LINE

选项卡："默认"选项卡→"绘图"面板→"直线"

命令别名：L

2. 操作步骤

命令：LINE ↵

指定第一点：(指定第一点)↵

指定下一点或[放弃](U)：(指定下一点)↵

指定下一点或[放弃](U)：(指定下一点)↵

指定下一点或[闭合(C)/放弃(U)]：(指定下一点或输入 C)↵

执行结果：绘制了连续的直线段（输入 C 时，下一点将自动回到起始点，形成封闭图形；输入 U 时，则取消上一步操作）。

【例 2-1】 使用 LINE 命令绘制如图 2-10 所示的图形。

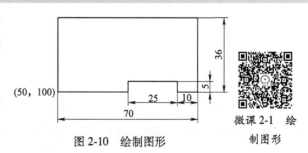

图 2-10 绘制图形

微课 2-1 绘制图形

命令：LINE ↵
指定第一点：(指定第一点)50,100 ↵
指定下一点或[放弃](U)：85,100 ↵
指定下一点或[放弃](U)：85,105 ↵
指定下一点或[闭合(C)/放弃(U)]：110,105 ↵
指定下一点或[闭合(C)/放弃(U)]：110,100 ↵
指定下一点或[闭合(C)/放弃(U)]：120,100 ↵
指定下一点或[闭合(C)/放弃(U)]：@0,36 ↵
指定下一点或[闭合(C)/放弃(U)]：@-70,0 ↵
指定下一点或[闭合(C)/放弃(U)]：C ↵

执行结果：绘制了如图 2-10 所示的图形。

2.3.2 绘制射线

绘制由一点开始向一个方向无限延长的直线，一般用作辅助直线。

1. 命令输入方式

命令行：RAY

选项卡："默认"选项卡→"绘图"面板→"射线"

2. 操作步骤

命令：RAY ↵
指定起点：(指定起点) ↵
指定通过点：(指定通过点) ↵

执行结果：绘制了一条射线。

命令行会继续提示"指定通过点："，输入通过点后，则会继续画出与第一条射线具有相同起点的射线，如图 2-11 所示。

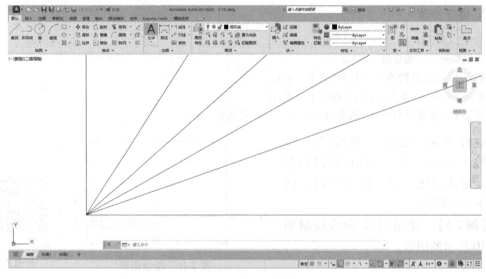

图 2-11 绘制射线

2.3.3 绘制构造线

绘制经过两个点的无限延长直线，一般用作辅助直线。

1. 命令输入方式

命令行：XLINE

选项卡："默认"选项卡→"绘图"面板→"构造线" ✎

命令别名：XL

2. 操作步骤

命令：XLINE ↵
指定点或［水平(H)/垂直(V)/角度(A)/二等分(B)/偏移(O)］：

命令中各选项含义如下。

（1）指定点

执行该选项，可以通过两个点绘制构造线。

在"指定点或［水平(H)/垂直(V)/角度(A)/二等分(B)/偏移(O)］："提示下，在绘图区指定一个点，此时命令行继续提示：

指定通过点：(指定构造线通过的另一点)↵：

执行结果：绘制了一条构造线。

此时命令行会继续提示"指定通过点："，输入通过点后，则会继续画出通过第一点的构造线。

（2）水平（H）

执行该选项，可以通过一个点绘制水平方向构造线。

在"指定点或［水平(H)/垂直(V)/角度(A)/二等分(B)/偏移(O)］："提示下，在键盘上输入 H 并按〈Enter〉键，此时命令行提示：

指定通过点：(指定构造线将通过的一个点)↵

执行结果：绘制了一条水平构造线。

（3）垂直（V）

执行该选项，可以通过一个点绘制竖直方向构造线。

在"指定点或［水平(H)/垂直(V)/角度(A)/二等分(B)/偏移(O)］："提示下，在键盘上输入 V 并按〈Enter〉键，此时命令行提示：

指定通过点：(指定构造线将通过的一个点)↵

执行结果：绘制了一条竖直构造线。

使用"指定点""水平"和"垂直"选项绘制的构造线如图 2-12 所示。

（4）角度（A）

执行该选项，可以绘制与水平方向成一定角度的构造线。

在"指定点或［水平(H)/垂直(V)/角度(A)/二等分(B)/偏移(O)］："提示下，在键盘上输入 A 并按〈Enter〉键，此时命令行提示：

输入构造线的角度 (0) 或［参照(R)］：

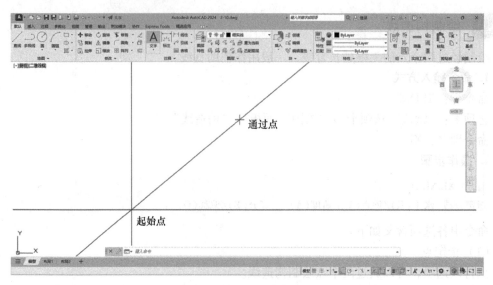

图 2-12   绘制构造线

命令中各选项含义如下。

1）输入构造线的角度（0）。执行该选项，可以绘制与水平方向成指定角度的构造线。在提示下，输入角度值并按〈Enter〉键，此时命令行提示：

指定通过点:(指定一个通过点)↵

执行结果：绘制了一条与水平方向成输入角度的构造线。

在默认状态下按〈Enter〉键，可以绘制水平的构造线。

2）参照（R）。执行该选项，可以绘制与参照直线成一定角度的构造线。

在提示下，在键盘上输入 R 并按〈Enter〉键，此时命令行提示：

选择直线对象:(选择一条参照直线)
输入构造线的角度 <0>:[输入与参照直线所夹角度(默认时为 0)]↵
指定通过点:(指定通过点)↵

执行结果：绘制了一条与参照直线成一定角度的构造线。

（5）二等分（B）

执行该选项，可以绘制一个角的角平分线。

在"指定点或[水平(H)/垂直(V)/角度(A)/二等分(B)/偏移(O)]:"提示下，在键盘上输入 B 并按〈Enter〉键，此时命令行提示：

指定角的顶点:(指定角度的顶点)↵
指定角的起点:(指定角度的起点)↵
指定角的端点:(指定角度的端点)↵

执行结果：绘制了一个角的角平分线。

（6）偏移（O）

执行该选项，可以绘制一条已知直线的偏移平行线。

在"指定点或[水平(H)/垂直(V)/角度(A)/二等分(B)/偏移(O)]:"提示下，在键

盘上输入 O 并按〈Enter〉键,此时命令行提示:

指定偏移距离或[通过(T)]<通过>:

命令中各选项含义如下。

1)指定偏移距离。执行该选项,可以通过给定偏移距离来绘制与某一直线平行的构造线。

在"指定偏移距离或[通过(T)]<通过>:"提示下,输入偏移距离并按〈Enter〉键,此时命令行提示:

选择直线对象:(选择直线对象)↵
指定向哪侧偏移:(指定直线的某一侧)↵

执行结果:绘制了一条距某直线一定距离的平行线。

2)通过(T)。执行该选项,可以绘制通过一点并与某直线平行的直线。

在"指定偏移距离或[通过(T)]<通过>:"提示下,在键盘上输入 T 并按〈Enter〉键,此时命令行提示:

选择直线对象:(选择直线对象)
指定通过点:(指定通过点)↵

执行结果:绘制了一条通过一点并与某直线平行的直线。

2.3.4 绘制二维多段线

绘制连续的等宽或不等宽的直线或圆弧。多段线是一个图形元素。

1. 命令输入方式

命令行:PLINE

选项卡:"默认"选项卡→"绘图"面板→"多段线" ⤵

2. 操作步骤

命令:PLINE ↵
指定起点:(在绘图区指定起始点并按〈Enter〉键),此时命令行提示:
当前线宽为 0.0000
指定下一个点或[圆弧(A)/半宽(H)/长度(L)/放弃(U)/宽度(W)]:

命令中各选项含义如下。

(1)指定下一个点

执行该选项,可以绘制直线段。继续指定输入点,则绘制出直线段,此时的操作与 LINE 命令相同。

(2)圆弧(A)

执行该选项,可以绘制圆弧。

在"指定下一个点或[圆弧(A)/半宽(H)/长度(L)/放弃(U)/宽度(W)]:"提示下,在键盘上输入 A 并按〈Enter〉键,命令行提示:

指定圆弧的端点或[角度(A)/圆心(CE)/方向(D)/半宽(H)/直线(L)/半径(R)/第二个点(S)/放弃(U)/宽度(W)]:

命令中各选项含义如下。

- 角度（A）：根据指定的圆弧中心角绘制圆弧，逆时针方向为正。
- 圆心（CE）：根据指定的圆心绘制圆弧。
- 方向（D）：根据欲绘制圆弧的起始点切线方向绘制圆弧。
- 半宽（H）：根据设置的圆弧起始与终止的半宽绘制圆弧。
- 直线（L）：绘制方式由圆弧转为直线。
- 半径（R）：根据指定的半径绘制圆弧。
- 第二个点（S）：根据三点绘制圆弧。
- 放弃（U）：撤销上一次所绘制的圆弧。
- 宽度（W）：设置圆弧起始与终止的宽度。

默认情况下，在命令区输入下一个点，即绘制了一个圆弧，该圆弧与多段线的上一段线段端点相切。此时可以继续输入点绘制圆弧。

（3）半宽（H）

执行该选项，可以设置线段（包括直线和圆弧）起始与终止的半宽。

在键盘上输入 H 并按〈Enter〉键，命令行提示：

指定起点半宽 <0.0000>:(输入起点半宽值)↵
指定端点半宽 <0.0000>:(输入端点半宽值)↵

此时可以继续绘制多段线。

（4）长度（L）

执行该选项，可以沿着原有的直线方向绘制指定的长度（若前一次绘制的是圆弧，则沿着圆弧末端点与十字光标连线的方向绘制线段长度）。

在键盘上输入 L 并按〈Enter〉键，命令行提示：

指定直线的长度:(输入直线的长度值)↵

此时可以继续绘制多段线。

（5）放弃（U）

执行该选项，可以撤销上一次所绘制的直线段或圆弧。

在键盘上输入 U 并按〈Enter〉键，此时上一次所绘制的圆弧或线段被撤销，可以继续绘制多段线。

（6）宽度（W）

执行该选项，可以设置线段（包括直线和圆弧）起始与终止的宽度。

在键盘上输入 W 并按〈Enter〉键，命令行提示：

指定起点半宽 <0.0000>:(输入起点宽度值)↵
指定端点半宽 <0.0000>:(输入端点宽度值)↵

此时可以继续绘制多段线。

【例 2-2】 使用 PLINE 命令绘制如图 2-13 所示的二维多段线。

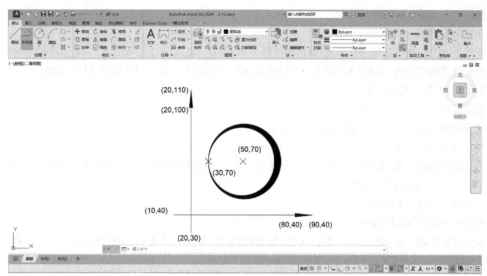

图 2-13　绘制多段线

微课 2-2　绘
制多段线

命令：PLINE ↵

指定起点：20,30 ↵

当前线宽为 0.0000

指定下一个点或[圆弧(A)/半宽(H)/长度(L)/放弃(U)/宽度(W)]：20,100 ↵

指定下一个点或[圆弧(A)/半宽(H)/长度(L)/放弃(U)/宽度(W)]：W ↵

指定起点宽度 <0.0000>：2 ↵

指定端点宽度 <0.0000>：0 ↵

指定下一个点或[圆弧(A)/半宽(H)/长度(L)/放弃(U)/宽度(W)]：20,110 ↵

指定下一个点或[圆弧(A)/半宽(H)/长度(L)/放弃(U)/宽度(W)]：↵

命令：PLINE

指定起点：10,40 ↵

当前线宽为 0.0000

指定下一个点或[圆弧(A)/半宽(H)/长度(L)/放弃(U)/宽度(W)]：80,40 ↵

指定下一个点或[圆弧(A)/半宽(H)/长度(L)/放弃(U)/宽度(W)]：W ↵

指定起点宽度 <0.0000>：2 ↵

指定端点宽度 <0.0000>：0 ↵

指定下一个点或[圆弧(A)/半宽(H)/长度(L)/放弃(U)/宽度(W)]：90,40 ↵

指定下一个点或[圆弧(A)/半宽(H)/长度(L)/放弃(U)/宽度(W)]：↵

命令：PLINE ↵

指定起点：30,70 ↵

当前线宽为 0.0000

指定下一个点或[圆弧(A)/半宽(H)/长度(L)/放弃(U)/宽度(W)]：W ↵

指定起点宽度 <0.0000>：0 ↵

指定端点宽度 <0.0000>：4 ↵

指定下一个点或[圆弧(A)/半宽(H)/长度(L)/放弃(U)/宽度(W)]：A ↵

指定圆弧的端点或[角度(A)/圆心(CE)/闭合(CL)/方向(D)/半宽(H)/直线(L)/半径(R)/第二个点(S)/放弃(U)/宽度(W)]：CE ↵

指定圆弧的圆心：50,70 ↵

指定圆弧的端点或[角度(A)/长度(L)]：A ↵

指定包含角：-180 ↵

指定圆弧的端点或[角度(A)/圆心(CE)/闭合(CL)/方向(D)/半宽(H)/直线(L)/半径(R)/第二个点(S)/放弃(U)/宽度(W)]：W ↵

指定起点宽度 <4.0000>：↵

指定端点宽度 <4.0000>：0 ↵

指定圆弧的端点或[角度(A)/圆心(CE)/闭合(CL)/方向(D)/半宽(H)/直线(L)/半径(R)/第二个点(S)/放弃(U)/宽度(W)]：CL

执行结果：绘制了如图 2-13 所示的多段线。

📖 注意：例 2-2 中各点坐标均为绝对直角坐标。

2.3.5　绘制或修订云线

绘制云线或将封闭图线修订为云线。

1. 命令输入方式

命令行：REVCLOUD

选项卡："默认"选项卡→"绘图"面板→"修订云线" ▭

AutoCAD 2024 有三种绘制云线的方式：矩形云线、多边形云线和徒手画云线。如图 2-14a、b、c 所示。

2. 操作步骤

命令：REVCLOUD ↵

最小弧长：0.5　最大弧长：0.5　样式：普通　类型：矩形

指定第一个角点或[弧长(A)/对象(O)/矩形(R)/多边形(P)/徒手画(F)/样式(S)/修改(M)] <对象>：

命令中各选项含义如下。

（1）指定第一个角点

执行该选项，可以直接绘制云线。

此时移动十字指针，即可绘制云线。单击右键停止云线的绘制。

执行结果：绘制了一条云线。

在徒手修订云线模式下要绘制闭合云线，拖动鼠标返回到它的起点即可，此时命令行提示"修订云线完成"。

（2）弧长（A）

执行该选项，可以设置云线的最小和最大弧长。

在键盘上输入 A 并按〈Enter〉键，根据提示，可以指定新的最小和最大弧长。弧长的最大值不能超过最小值的三倍。

（3）对象（O）

执行该选项，可以将封闭的图形元素修订为云线。

直接按〈Enter〉键或者在键盘上输入 O 并按〈Enter〉键，命令行提示：

选择对象：反转方向［是(Y)/否(N)］<否>:（选择欲修订为云线的对象）↵

此时若直接单击鼠标右键，则完成云线的绘制；若在键盘上输入 Y，则将绘制的云线反转。

（4）矩形（R）

设置云线类型为矩形云线。

（5）多边形（P）

设置云线类型为多边形云线。

（6）徒手画（F）

设置云线类型为徒手画云线。

（7）样式（S）

执行该选项，可以设置云线的样式。

在键盘上输入 S 并按〈Enter〉键，命令行提示：

选择圆弧样式［普通(N)/手绘(C)］<普通>:

"普通"方式绘制是常用的绘制方式，如图 2-14a、b 所示；"手绘"方式是指采用不等宽的线绘制云线，如图 2-14c 所示。

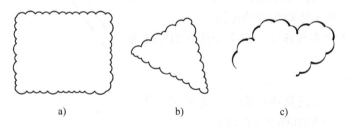

a)　　　　　　　　　　b)　　　　　　　　　　c)

图 2-14　绘制或修订云线

2.3.6　绘制多线

多线是指一组互相平行的线，这些线的线型可以相同，也可以不同。

1. 命令输入方式

命令行：MLINE

命令别名：ML

2. 操作步骤

命令：MLINE ↵
当前设置：对正 = 上,比例 = 20.00,样式 = STANDARD
指定起点或［对正(J)/比例(S)/样式(ST)］:

命令中各选项含义如下。

（1）指定起点

执行该选项，可以绘制多线。

指定起点并按〈Enter〉键，命令行提示：

> 指定下一个点：(指定下一个点)↙
> 指定下一点或[放弃(U)]：
> 指定下一点或[闭合(C)/放弃(U)]：

命令中各选项含义如下。

● 指定下一个点：指定下一个点并按〈Enter〉键，绘制一段多线。

● 放弃（U）：执行该选项，将撤销上一个点。

● 闭合（C）：执行该选项，下一点将自动回到起点，形成封闭图形。

（2）对正（J）

执行该选项，可以确定多线的对正方式。

在键盘上输入 J 并按〈Enter〉键，命令行提示：

> 输入对正类型[上(T)/无(Z)/下(B)] <上>：

● "上"（T）选项，从左向右绘图时，光标在多线的顶端。

● "无"（Z）选项，从左向右绘图时，光标在多线的中线。

● "下"（B）选项，从左向右绘图时，光标在多线的底端，如图 2-15 所示。

（3）比例（S）

执行该选项，可以控制多线的宽度相对于比例因子的比例，但该比例不影响线型的比例。

比例因子以在"多线样式"定义中建立的宽度为基础，默认的比例因子为 1。

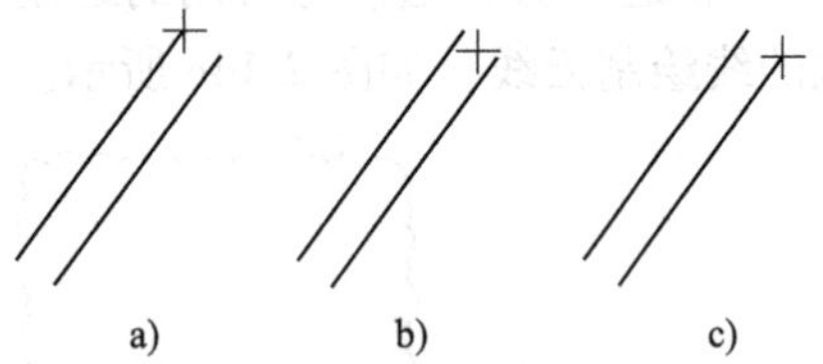

（4）样式（ST）

执行该选项，可以设置或查询多线的样式。默认时，多线的样式为 STANDARD（标准）。

在键盘上输入 ST 并按〈Enter〉键，命令行提示：

图 2-15　对正选项的样式
a)"上"选项　b)"无"选项
c)"下"选项

> 输入多线样式名或[?]：

此时，可以输入已有的多线样式名，按〈Enter〉键后，使用该样式绘制多线；也可以输入"?"来查询已有的多线样式。

设置多线的命令为 MLSTYLE，限于篇幅在此不做介绍。

2.3.7　绘制样条曲线

"样条曲线"命令用于创建非均匀有理 B 样条 NURBS 曲线，可以使用该命令绘制机械图样中的波浪线。

1. 命令输入方式

命令行：SPLINE

选项卡："默认"选项卡→"绘图"面板→"样条曲线拟合" ∿

选项卡："默认"选项卡→"绘图"面板→"样条曲线控制点"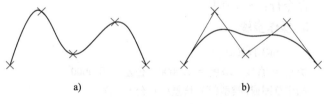

命令别名：SPL

2. 操作步骤

命令：SPLINE ↵
当前设置：方式=控制点　阶数=3
指定第一个点或[方式(M)/阶数(D)/对象(O)]：

命令中各选项含义如下。

（1）指定第一个点

1）在"控制点"方式下执行该选项，可以直接绘制出以指定点为框架的样条曲线。

2）在"拟合"方式下执行该选项，则系统提示：

输入下一个点或[起点切向(T)/公差(L)]：(指定下一个点)↵
输入下一个点或[端点相切(T)/公差(L)/放弃(U)]：(指定下一个点)↵
输入下一个点或[端点相切(T)/公差(L)/放弃(U)/闭合(C)]：(指定下一个点)↵

命令中各选项含义如下。

● 起点切向（T）：指定样条曲线起点的切线方向。

● 端点相切（T）：指定样条曲线端点的切线方向。

● 公差（L）：指定样条曲线可以偏离指定拟合点的距离。公差值为 0 时要求生成的样条曲线直接通过拟合点。

（2）方式（M）

执行该选项，可以修改样条曲线的生成方式。

在键盘上输入 M，并按〈Enter〉键，命令行提示：

输入样条曲线创建方式[拟合(F)/控制点(CV)] <拟合>：

采用"拟合"方式定义样条曲线，生成的样条曲线通过给定的控制点，如图 2-16a 所示。采用"控制点"方式定义样条曲线，生成的样条曲线不通过给定控制点，如图 2-16b 所示。

a)　　　　　　　　　　b)

图 2-16　5 个控制点绘制的样条曲线

a)"拟合"方式的样条曲线　b)"控制点"方式的样条曲线

（3）阶数（D）

执行该选项，可以设置生成的样条曲线的多项式阶数。该选项只在"控制点"方式下才有，是 SPLMETHOD 系统变量的值。

在"指定第一个点或[方式(M)/阶数(D)/对象(O)]："提示下，在键盘上输入 D，并按〈Enter〉键，命令行提示：

输入样条曲线阶数 <3>：(指定多项式的阶数)↵

（4）节点（K）

如果定义样条曲线的方式为"拟合"，输入 SPLINE 命令后，第二个选项为"节点"。执行该选项，可以控制样条曲线中连续拟合点之间的曲线如何过渡。是 SPLKNOTS 系统变量的值。

在"指定第一个点或[方式(M)/节点(K)/对象(O)]:"提示下,在键盘上输入 K,并按〈Enter〉键,命令行提示:

输入节点参数化[弦(C)/平方根(S)/统一(U)] <弦>:

命令中各选项含义如下。

- 弦(C)。均匀隔开连接每个部件曲线的节点,使每个关联的拟合点对之间的距离成正比(弦长方法)。
- 平方根(S)。均匀隔开连接每个部件曲线的节点,使每个关联的拟合点对之间的距离的平方根成正比(向心方法)。此方法通常会产生更"柔和"的曲线。
- 统一(U)。均匀隔开每个零部件曲线的节点,使其相等,而不管拟合点的间距如何(等间距分布方法)。此方法通常可生成泛光化拟合点的曲线。

(5)对象(O)

执行该选项并选择已有对象,可以将二维或三维的二次或三次样条曲线拟合成多段线或转换成等效的样条曲线。

在键盘上输入 O 并按〈Enter〉键,命令行提示:

选择要转换为样条曲线的对象..(选择对象)

可以继续选择对象,按〈Enter〉键停止选择,所选择的对象被转换为样条曲线。

2.3.8 绘制徒手线

绘制不规则的边界线或图线。

在徒手绘制之前,应该先指定对象类型(直线、多段线或样条曲线)、增量和公差。

1. 命令输入方式

命令行:SKETCH

2. 操作步骤

命令:SKETCH ↵
类型 = 直线　增量 = 1.0000　公差 = 0.5000
指定草图或[类型(T)/增量(I)/公差(L)]:

命令中各选项含义如下。

- 类型(T)。指定手画线的对象类型,包括直线、多段线、样条曲线三种对象。
- 增量(I)。定义每条手画直线段的长度。定点设备所移动的距离必须大于增量值,才能生成一条直线(SKETCHINC 系统变量)。
- 公差(L)。对于样条曲线,指定样条曲线布满手画线草图的紧密程度。

2.4　绘制矩形

1. 命令输入方式

命令行:RECTANG(RECTANGLE)

选项卡："默认"选项卡→"绘图"面板→"矩形" □

命令别名：REC

2. 操作步骤

命令：RECTANG ↵
指定第一个角点或[倒角(C)/标高(E)/圆角(F)/厚度(T)/宽度(W)]：

命令中各选项含义如下。

（1）指定第一个角点

该选项用于绘制矩形。指定矩形的一个角点，然后按〈Enter〉键，命令行提示：

指定另一个角点或[面积(A)/尺寸(D)/旋转(R)]：

命令中各选项含义如下。

● 指定另一个角点。该选项使用矩形对角线的两个顶点确定矩形。

此时指定矩形的另一个角点，然后按〈Enter〉键，将绘制一个矩形，如图 2-17a 所示。

● 面积（A）。该选项使用矩形的面积和长度或者宽度来确定矩形。

在键盘上输入 A 并按〈Enter〉键，命令行提示：

输入以当前单位计算的矩形面积 <100.0000>：(输入矩形面积)↵
计算矩形标注时依据[长度(L)/宽度(W)] <长度>:L ↵
输入矩形长度 <10.0000>：(输入矩形长度值)↵

如果在"计算矩形标注时依据[长度(L)/宽度(W)]"提示下，输入 W，则命令行提示"输入矩形宽度"，需要输入矩形宽度。

执行结果：绘制了一个矩形。

● 尺寸（D）。按照指定的长宽值绘制一个矩形。

在键盘上输入 D 并按〈Enter〉键，命令行提示：

输入矩形长度<10.0000>：(输入矩形长度值)↵
输入矩形宽度<10.0000>：(输入矩形宽度值)↵
指定另一个角点或[面积(A)/尺寸(D)/旋转(R)]：(移动鼠标确定矩形四个可能位置中的一个)

执行结果：绘制了一个矩形。

● 旋转（R）。该选项为矩形指定一个旋转角度。

在键盘上输入 R 并按〈Enter〉键，命令行提示：

指定旋转角度或[拾取点(P)]：(输入旋转角度)↵

系统接着提示"指定另一个角点或[面积(A)/尺寸(D)/旋转(R)]"，重新开始绘制矩形。

如果在"指定旋转角度或[拾取点（P）]"提示下，输入 P，则使用两点连线方向来确定旋转的角度。系统命令行提示：

指定第一点：(在屏幕上指定一点)↵
指定第二点：(在屏幕上指定另一点,这两点决定了矩形的一条边的方向)↵
指定另一个角点或[面积(A)/尺寸(D)/旋转(R)]：(开始绘制矩形)

执行结果：绘制了一个矩形。

（2）倒角（C）

该选项用来设置矩形的倒角大小。

在键盘上输入 C 并按〈Enter〉键，命令行提示：

指定矩形的第一个倒角距离 <0.0000>:（输入矩形的第一个倒角距离）↵
指定矩形的第二个倒角距离 <5.0000>:（输入第二个倒角距离）↵
指定第一个角点或［倒角（C）/标高（E）/圆角（F）/厚度（T）/宽度（W）］:（指定第一个角点）↵
指定另一个角点或［面积（A）/尺寸（D）/旋转（R）］:（指定第二个角点）↵

执行结果：绘制了一个带倒角的矩形，如图 2-17b 所示（第一个倒角距离和第二个倒角距离可以相等，也可以不等，图中所示为二者相等的情况）。

（3）圆角（F）

该选项用来设置矩形的圆角大小。

在键盘上输入 F 并按〈Enter〉键，命令行提示：

指定矩形的圆角半径 <5.0000>:（输入矩形的圆角半径值）↵
指定第一个角点或［倒角（C）/标高（E）/圆角（F）/厚度（T）/宽度（W）］:（指定第一个角点）↵
指定另一个角点或［面积（A）/尺寸（D）/旋转（R）］:（指定第二个角点）↵

执行结果：绘制了一个带圆角的矩形，如图 2-17c 所示。

（4）标高（E）

该选项用来设置矩形的 z 坐标值。

在键盘上输入 E 并按〈Enter〉键，命令行提示：

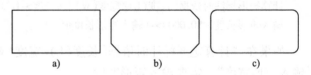

图 2-17　绘制矩形
a）矩形　b）带倒角的矩形　c）带圆角的矩形

指定矩形的标高 <0.0000>:（输入矩形的标高值）↵
指定第一个角点或［倒角（C）/标高（E）/圆角（F）/厚度（T）/宽度（W）］:（指定第一个角点）↵
指定另一个角点或［面积（A）/尺寸（D）/旋转（R）］:（指定第二个角点）↵

执行结果：绘制了一个具有一定高度（标高）的矩形，图 2-18 左侧所示为绘制的三个不同标高的矩形。

（5）厚度（T）

该选项用来设置矩形边框的厚度。

在键盘上输入 T 并按〈Enter〉键，命令行提示：

指定矩形的厚度 <0.0000>:（输入矩形的厚度值）↵
指定第一个角点或［倒角（C）/标高（E）/圆角（F）/厚度（T）/宽度（W）］:（指定第一个角点）↵
指定另一个角点或［面积（A）/尺寸（D）/旋转（R）］:（指定第二个角点）↵

执行结果：绘制了一个边框具有一定厚度的矩形，如图 2-18 右侧矩形所示。

（6）宽度（W）

该选项用来设置矩形边框的宽度。

在"指定第一个角点或［倒角（C）/标高（E）/圆角（F）/厚度（T）/宽度（W）］:"提示下，在键盘上输入 W 并按〈Enter〉键，命令行提示：

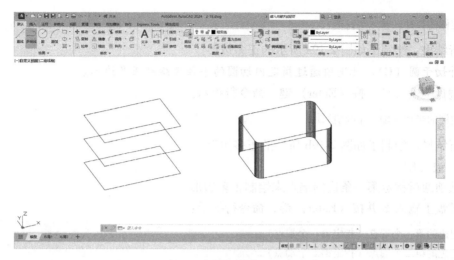

图 2-18　绘制标高矩形

指定矩形的宽度<0.0000>:(输入矩形的线宽值)↵

指定第一个角点或[倒角(C)/标高(E)/圆角(F)/厚度(T)/宽度(W)]:(指定第一个角点)↵

指定另一个角点或[面积(A)/尺寸(D)/旋转(R)]:(指定第二个角点)↵

执行结果:绘制了一个边框具有一定宽度的矩形。

在绘制矩形时,可以同时设定"厚度""宽度""标高""倒角"或"圆角"等选项。

2.5　绘制正多边形

1. 命令输入方式

命令行:POLYGON

选项卡:"默认"选项卡→"绘图"面板→"多边形" ⬠

命令别名:POL

2. 操作步骤

命令:POLYGON ↵

输入边的数目<4>:5 ↵

指定正多边形的中心点或[边(E)]:

命令中各选项含义如下。

(1)指定正多边形的中心点

该选项通过指定正多边形的中心点绘制正多边形。

在"指定正多边形的中心点或[边(E)]:"提示下,指定中心点,命令行提示:

输入选项[内接于圆(I)/外切于圆(C)] <I>:

命令中各选项含义如下。

● 内接于圆 (I)。此选项表示通过指定外接圆的半径来绘制正多边形。

在键盘上输入 I 并按〈Enter〉键,命令行提示:

指定圆的半径:(输入半径值)↵

执行结果：绘制了如图 2-19a 所示的正多边形。

● 外切于圆（C）。此选项通过指定内切圆的半径来绘制正多边形。

在键盘上输入 C 并按〈Enter〉键，命令行提示：

指定圆的半径:(输入半径值)↵

执行结果：绘制了如图 2-19b 所示的正多边形。

（2）边（E）

该选项通过指定第一条边的端点来绘制正多边形。

在键盘上输入 E 并按〈Enter〉键，命令行提示：

指定边的第一个端点:(指定第一个端点)↵
指定边的第二个端点:(指定第二个端点)↵

执行结果：绘制了如图 2-19c 所示的正
多边形。两个端点的连线为正多边形的一
条边。

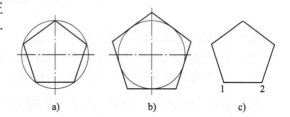

2.6 绘制圆

1. 命令输入方式

命令行：CIRCLE

图 2-19　绘制正多边形
a）内接于圆　b）外切于圆　c）指定边

选项卡："默认"选项卡→"绘图"面板→"圆"⊘

命令别名：C

2. 操作步骤

AutoCAD 2024 提供了多种绘制圆的方法，如图 2-20 所示。

（1）根据圆心和半径绘制圆（圆心、半径）

命令:CIRCLE↵
指定圆的圆心或[三点(3P)/两点(2P)/相切、相切、半径(T)]:(指定圆心)↵
指定圆的半径或[直径(D)]:(输入半径值)↵

（2）根据圆心和直径绘制圆（圆心、直径）

命令:CIRCLE↵
指定圆的圆心或[三点(3P)/两点(2P)/相切、相切、半径(T)]:(指定圆心)↵
指定圆的半径或[直径(D)]:D↵
指定圆的直径:(输入直径值)↵

（3）根据两点绘制圆（两点）

命令:CIRCLE↵
指定圆的圆心或[三点(3P)/两点(2P)/相切、相切、半径(T)]:2P↵
指定圆直径的第一个端点:(指定第一个端点)↵
指定圆直径的第二个端点:(指定第二个端点)↵

执行结果：绘制了如图 2-21a 所示的圆。

（4）根据三点绘制圆（三点）

命令：CIRCLE ↵
指定圆的圆心或[三点(3P)/两点(2P)/相切、相切、半径(T)]:3P ↵
指定圆上的第一个点:(指定第一个点)↵
指定圆上的第二个点:(指定第二个点)↵
指定圆上的第三个点:(指定第三个点)↵

执行结果：绘制了如图 2-21b 所示的圆。

图 2-20 "圆"下拉命令按钮

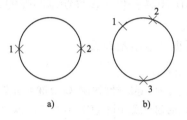

图 2-21 绘制圆
a）两点绘制圆 b）三点绘制圆

（5）根据指定半径绘制与两个对象相切的圆（相切、相切、半径）

命令：CIRCLE ↵
指定圆的圆心或[三点(3P)/两点(2P)/相切、相切、半径(T)]:T ↵
指定对象与圆的第一个切点:(指定第一个相切对象)
指定对象与圆的第二个切点:(指定第二个相切对象)
指定圆的半径 <13.3578>:(输入半径值)↵

执行结果：绘制了与两个给定对象相切的圆，如图 2-22a 所示。

（6）绘制与三个对象相切的圆（相切、相切、相切）

单击下拉菜单"绘图"→"圆"→"相切、相切、相切"命令，命令行提示：

命令：_CIRCLE 指定圆的圆心或[三点(3P)/两点(2P)/相切、相切、半径(T)]:_3P 指定圆上的第一个点:_ TAN 到（选择第一个对象）
指定圆上的第二个点:_ TAN 到（选择第二个对象）
指定圆上的第三个点:_ TAN 到（选择第三个对象）

执行结果：绘制了与三个给定对象相切的圆，如图 2-22b 所示。

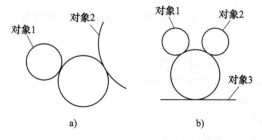

图 2-22 绘制与已知对象相切的圆
a）绘制与两个给定对象相切的圆 b）绘制与三个给定对象相切的圆

2.7　绘制圆弧

图 2-23　"圆弧"下
拉命令按钮

1. 命令输入方式

命令行：ARC

选项卡："默认"选项卡→"绘图"面板→"圆弧"

命令别名：A

2. 操作步骤

AutoCAD 2024 提供了多种绘制圆弧的方法，图 2-23 所示为
其下拉菜单。

（1）根据三点绘制圆弧

命令：_ARC ↵

圆弧创建方向：逆时针（按住〈Ctrl〉键可切换方向）。

指定圆弧的起点或[圆心（C）]：(指定圆弧的第一个点)↵

指定圆弧的第二个点或[圆心（C）/端点（E）]：(指定圆弧的第二个点)↵

指定圆弧的端点：(指定圆弧的第三个点)↵

（2）根据起点、圆心、端点绘制圆弧

命令：_ARC ↵

圆弧创建方向：逆时针（按住〈Ctrl〉键可切换方向）。

指定圆弧的起点或[圆心（C）]：(指定圆弧的起点)↵

指定圆弧的第二个点或[圆心（C）/端点（E）]：C ↵

指定圆弧的圆心：(指定圆弧的圆心)↵

指定圆弧的端点或[角度（A）/弦长（L）]：(指定圆弧的终点)↵

（3）根据起点、圆心、角度（圆弧所对应的圆心角值）绘制圆弧

命令：_ARC ↵

圆弧创建方向：逆时针（按住〈Ctrl〉键可切换方向）。

指定圆弧的起点或[圆心（C）]：(指定圆弧的起点)↵

指定圆弧的第二个点或[圆心（C）/端点（E）]：C ↵

指定圆弧的圆心：(指定圆弧的圆心)↵

指定圆弧的端点或[角度（A）/弦长（L）]：A ↵

指定包含角：(输入圆弧所对应的圆心角值)↵

（4）根据起点、圆心、长度（圆弧所对应的弦长）绘制圆弧

命令：_ARC ↵

圆弧创建方向：逆时针（按住〈Ctrl〉键可切换方向）。

指定圆弧的起点或[圆心（C）]：(指定圆弧的起点)↵

指定圆弧的第二个点或[圆心（C）/端点（E）]：C ↵

指定圆弧的圆心：(指定圆弧的圆心)↵

指定圆弧的端点或[角度（A）/弦长（L）]：L ↵

指定弦长：(输入圆弧所对应的弦长)↵

📖 说明：用 AutoCAD 绘制圆弧，角度或弦长为正值时，逆时针绘制圆弧；角度或弦长为负值时，顺时针绘制圆弧。

（5）根据起点、端点、角度（圆弧所对应的圆心角值）绘制圆弧

命令：_ARC ↵

圆弧创建方向：逆时针（按住〈Ctrl〉键可切换方向）。

指定圆弧的起点或［圆心（C）］:（指定圆弧的起点）↵

指定圆弧的第二个点或［圆心（C）/端点（E）］:E ↵

指定圆弧的端点:（指定圆弧的终点）↵

指定圆弧的圆心或［角度（A）/方向（D）/半径（R）］:A ↵

指定包含角:（输入圆弧所对应的圆心角值）↵

（6）根据起点、端点、方向（圆弧起点处的切线方向）绘制圆弧

命令：_ARC ↵

圆弧创建方向：逆时针（按住〈Ctrl〉键可切换方向）。

指定圆弧的起点或［圆心（C）］:（指定圆弧的起点）↵:

指定圆弧的第二个点或［圆心（C）/端点（E）］:E ↵

指定圆弧的端点:（指定圆弧的终点）↵

指定圆弧的圆心或［角度（A）/方向（D）/半径（R）］:D ↵

指定圆弧的起点切向:（指定圆弧起点处的切线方向）

（7）根据起点、端点、半径绘制圆弧

命令：_ARC ↵

圆弧创建方向：逆时针（按住〈Ctrl〉键可切换方向）。

指定圆弧的起点或［圆心（C）］:（指定圆弧的起点）↵

指定圆弧的第二个点或［圆心（C）/端点（E）］:E ↵

指定圆弧的端点:（指定圆弧的终点）↵

指定圆弧的圆心或［角度（A）/方向（D）/半径（R）］:R ↵

指定圆弧的半径:（输入半径值）↵

📖 说明：输入的半径值必须大于起点与终点之间距离的一半。

（8）根据圆心、起点、端点绘制圆弧

命令：_ARC ↵

圆弧创建方向：逆时针（按住〈Ctrl〉键可切换方向）。

指定圆弧的起点或［圆心（C）］C ↵

指定圆弧的圆心:（指定圆弧的圆心）↵

指定圆弧的起点:（指定圆弧的起点）↵

指定圆弧的端点或［角度（A）/弦长（L）］:（指定圆弧的终点）↵

（9）根据圆心、起点、角度绘制圆弧

命令：_ARC ↵

圆弧创建方向：逆时针（按住〈Ctrl〉键可切换方向）。

指定圆弧的起点或[圆心(C)] C↵

指定圆弧的圆心:(指定圆弧的圆心)↵

指定圆弧的起点:(指定圆弧的起点)↵

指定圆弧的端点或[角度(A)/弦长(L)]:A↵

指定包含角:(输入圆弧所对应的圆心角值)↵

（10）根据圆心、起点、长度绘制圆弧

命令: _ARC↵

圆弧创建方向:逆时针(按住〈Ctrl〉键可切换方向)。

指定圆弧的起点或[圆心(C)] C↵

指定圆弧的圆心:(指定圆弧的圆心)↵

指定圆弧的起点:(指定圆弧的起点)↵

指定圆弧的端点或[角度(A)/弦长(L)]:L↵

指定弦长:(输入圆弧所对应的弦长)↵

（11）绘制连续圆弧

单击下拉菜单"绘图"→"继续"命令，命令行提示：

命令: _ARC

圆弧创建方向:逆时针(按住〈Ctrl〉键可切换方向)。

指定圆弧的起点或[圆心(C)]:

指定圆弧的端点:(输入圆弧终点)↵

2.8 绘制圆环

1. 命令输入方式

命令行：DONUT

选项卡："默认"选项卡→"绘图"面板→"圆环" ◎

命令别名：DO

2. 操作步骤

命令: DONUT↵

指定圆环的内径 <0.5000>:(指定圆环的内径)↵

指定圆环的外径 <1.0000>:(指定圆环的外径)↵

指定圆环的中心点或 <退出>:(指定圆环的中心点)↵

执行结果：绘制了一个圆环，如图 2-24a 所示。

📖 说明：如果指定内径为零，则圆环为填充圆，如图 2-24b 所示。

利用 FILL（填充）命令，可以控制圆环的填充与否。图 2-24c、d 所示为关闭填充模式时绘制的圆环。

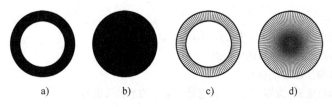

图 2-24 绘制圆环

a) 填充模式、内径非零 b) 填充模式、内径为零 c) 填充模式关闭、内径非零 d) 填充模式关闭、内径为零

2.9 绘制椭圆和椭圆弧

椭圆和椭圆弧的绘制是基于中心点、长轴和短轴进行的。

2.9.1 绘制椭圆

1. 命令输入方式

命令行：ELLIPSE

选项卡："默认"选项卡→"绘图"面板→"圆心" ⊙

选项卡："默认"选项卡→"绘图"面板→"轴、端点" ⬯

命令别名：EL

2. 操作步骤

AutoCAD 2024 提供了四种绘制椭圆的方法，分别如下。

（1）根据一个轴上的两个端点和另一个轴上的半轴长度绘制椭圆

命令：ELLIPSE ↵
指定椭圆的轴端点或[圆弧(A)/中心点(C)]：(指定椭圆轴的端点)↵
指定轴的另一个端点：(指定轴的另一个端点)↵
指定另一条半轴长度或[旋转(R)]：(指定另一条轴的半轴长度)↵

执行结果：绘制了如图 2-25a 所示的椭圆。

（2）根据长轴上的两个端点和绕长轴旋转的角度绘制椭圆

命令：ELLIPSE ↵
指定椭圆的轴端点或[圆弧(A)/中心点(C)]：(指定椭圆轴的端点)↵
指定轴的另一个端点：(指定轴的另一个端点)↵
指定另一条半轴长度或[旋转(R)]：R ↵
指定绕长轴旋转的角度：(指定绕长轴旋转的角度)

📖 说明：旋转角度是指以所绘制的轴为直径的圆围绕该轴旋转的角度。所以，当旋转角度值为"0°"时，所绘制的图形为圆；当旋转角度值为"90°"时，所绘制的图形应为一直线（因为直线不是椭圆，所以此时 AutoCAD 提示输入的角度值无效）。

（3）根据椭圆的中心点和一个轴的端点以及另一个轴上的半轴长度绘制椭圆

命令: ELLIPSE ↵
指定椭圆的轴端点或[圆弧(A)/中心点(C)]:C↵
指定椭圆的中心点:(指定椭圆的中心点)↵
指定轴的端点:(指定轴的端点)↵
指定另一条半轴长度或[旋转(R)]:(指定另一条轴的半轴长度)↵

（4）根据椭圆的中心点和长轴的一个端点以及绕长轴旋转的角度绘制椭圆

命令:ELLIPSE ↵
指定椭圆的轴端点或[圆弧(A)/中心点(C)]:C↵
指定椭圆的中心点:(指定椭圆的中心点)↵
指定轴的端点:(指定轴的端点)↵
指定另一条半轴长度或[旋转(R)]:R↵
指定绕长轴旋转的角度:(指定绕长轴旋转的角度)

2.9.2 绘制椭圆弧

1. 命令输入方式

命令行：ELLIPSE

选项卡："默认"选项卡→"绘图"面板→"椭圆弧" ⌒·

命令别名：EL

2. 操作步骤

椭圆弧的绘制是在椭圆的命令（选项）下先绘制出椭圆，然后根据指定的角度或参数来完成椭圆弧的绘制。在椭圆的命令（选项）下绘制出椭圆弧的步骤如下。

命令:ELLIPSE ↵
指定椭圆的轴端点或[圆弧(A)/中心点(C)]:A↵
指定椭圆弧的轴端点或[中心点(C)]:(指定椭圆弧的轴端点)↵
指定轴的另一个端点:(指定轴的另一个端点)↵
指定另一条半轴长度或[旋转(R)]:(指定另一条轴的半轴长度)↵
指定起始角度或[参数(P)]:

此时，在绘图区已绘制了一个椭圆，命令行中各选项含义如下。

（1）指定起始角度

输入起始角度并按〈Enter〉键，命令行提示：

指定终止角度或[参数(P)/包含角度(I)]:

命令行中各选项含义如下。

● 终止角度：指定椭圆弧的终止角度。

● 参数（P）：指定椭圆弧的终止参数。

● 包含角度（I）：指定椭圆弧起始角与终止角之间所夹的角度。

通过上述三种方式中的任何一种，都可以完成椭圆弧的绘制。

图 2-25b 所示为指定起始角度（负值）和终止角度（正值）所绘制的椭圆弧。

（2）参数（P）

AutoCAD 中所输入的"参数"值需要通过以下矢量参数方程式创建椭圆弧。

$$p(u) = c + a * \cos(u) + b * \sin(u)$$

其中，c 是椭圆的中心点，a 和 b 分别是椭圆的长轴和短轴。

在命令行输入 P 并按〈Enter〉键，命令行提示：

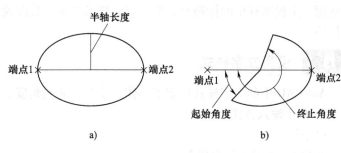

图 2-25 绘制椭圆和椭圆弧
a）椭圆 b）椭圆弧

```
指定起始角度或[参数(P)]:P↵
指定起始参数或[角度(A)]:(输入起始参数)
指定终止参数或[角度(A)/包含角度(I)]:
```

命令行中各选项含义与"指定起始角度"中相同。

2.10 绘制螺旋线

1. 命令输入方式

命令行：HELIX

选项卡："默认"选项卡→"绘图"面板→"螺旋线"

2. 操作步骤

```
命令：HELIX
圈数 = 3.0000     扭曲=CCW
指定底面的中心点:(指定底面的中心)↵
指定底面半径或[直径(D)] <1.0000>:(指定底面的半径)↵
指定顶面半径或[直径(D)] <29.6295>:(指定顶面的半径)↵
指定螺旋高度或[轴端点(A)/圈数(T)/圈高(H)/扭曲(W)] <1.0000>:(输入螺旋线的高度)↵
```

执行结果：绘制的螺旋线如图 2-26 所示。

命令行中各选项的含义如下。

- 轴端点（A）：指定螺旋轴的端点位置。
- 圈数（T）：指定螺旋（旋转）的圈数。螺旋的圈数不能超过 500。最初默认值为 3。
- 圈高（H）：指定螺旋内一个完整圈的高度。

图 2-26 绘制螺旋线

- 扭曲（W）：指定螺旋扭曲的方向。顺时针表示以顺时针方向绘制螺旋；逆时针表示以逆时针方向绘制螺旋。

2.11 文字

文字是 AutoCAD 2024 绘图中重要的图形要素，也是工程图样中必不可少的组成部分，通常用于工程图样中的标题栏、明细表、技术要求、装配说明、加工要求等一些非图形信息的标注。

2.11.1 设置文字样式

AutoCAD 中的文字样式规定了字体、字号、倾斜角度、方向和其他文字特征。

1. 命令输入方式

命令行：style

选项卡："默认"选项卡→"注释"面板→"文字样式" A

执行命令后，打开"文字样式"对话框，如图 2-27 所示。

2. 选项说明

（1）"样式"列表

从中选择样式的名称。可利用"新建""删除"两个命令来新建和删除文字样式。文字样式名称最长可达 255 个字

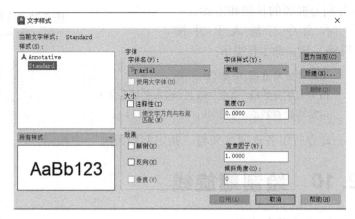

图 2-27 "文字样式"对话框

符，名称中可包含字母、数字和特殊字符，如"$""_""-"等。不能删除"Standard（标准）"文字样式。

（2）"字体"选项组

在"字体名"下拉列表中选择需要的字体；"使用大字体"复选按钮用来选择是否使用大字体。

（3）"大小"选项组

● "注释性"复选按钮用来指定文字为注释性文字。

● "使文字方向与布局匹配"复选按钮用来指定图纸空间视口中的文字方向与布局方向匹配。如果不选择"注释性"复选按钮，则该选项不可用。

● "高度"文本框用于设置默认字高。

（4）"效果"选项组

从中可以设置文字的颠倒、反向、垂直等效果。

● "宽度因子"文本框用于设置宽度系数，确定文本字符的宽高比。当宽度因子为 1 时表示按字体文件中定义的宽高比标注文字。当宽度因子小于 1 时字会变窄，反之变宽。

● "倾斜角度"文本框用来设置文字字头的倾斜角度。角度为 0° 时不倾斜，为正时向右倾斜，为负时向左倾斜。"颠倒"和"反向"复选按钮对多行文字对象无影响，修改"宽度因子"和"倾斜角度"对单行文字无影响。

（5）"置为当前"按钮

用于将选定的样式设置为当前。

（6）"新建"按钮

用于新建文字样式。单击此按钮系统弹出如图 2-28 所示的"新建文字样式"对话框，并自动为当前设置提供名称"样式 n"（其中 n 为所提供样式的编号），可以采用默认值或在文本框中输入名称。

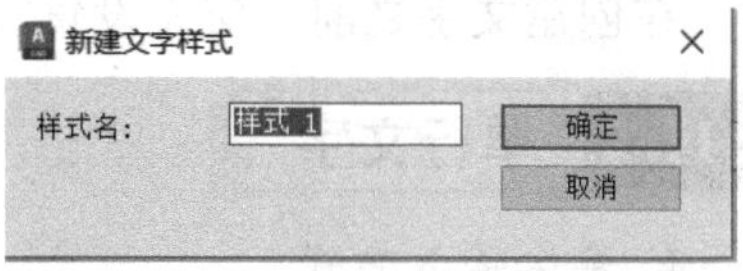

图 2-28　"新建文件样式"对话框

（7）预览框

用于预览所设置文字样式的效果。

实际上，AutoCAD 2024 提供了 gbenor.shx、gbeitc.shx 和 gbcbig.shx 字体形文件。可以用 gbeitc.shx 书写斜体的数字和字母，用 gbenor.shx 书写正体的数字和字母，用 gbcbig.shx 书写长仿宋体汉字。所以在实际操作中，一般要新建两个文字样式，一个用来书写字母和数字，另一个用来书写长仿宋体汉字，如图 2-29 所示。

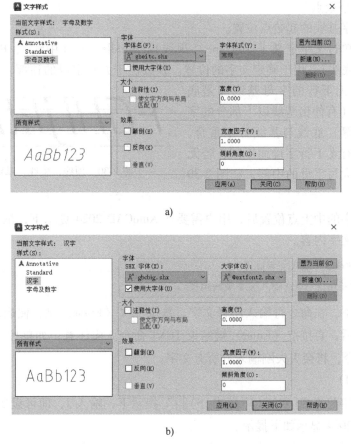

a)

b)

图 2-29　设置文字样式

a）字母和数字样式　b）汉字样式

AutoCAD 还可以使用 TrueType 字体。TrueType 字体中没有长仿宋体，故在使用时，可以将 Width Factor（宽度因子）改为 0.707，将仿宋体改为长仿宋体。

AutoCAD 中，除了默认的 Standard（标准）文字样式外，其他所需的文字样式都需要新建。在创建文字之前，应先设置文字样式。

2.11.2 单行文字

1. 命令输入方式

命令行：TEXT

选项卡："默认"选项卡→"注释"面板→"单行文字" **A**

2. 操作步骤

> 命令:TEXT ┘
> 当前文字样式:"Standard" 文字高度:2.5000　注释性:否　对正:中上
> 指定文字起点或[对正(J) 样式(S)]:

命令行中各选项含义如下。

（1）指定文字起点

指定单行文字基线的起始点位置。

AutoCAD 为单行文字定义了 Top line（顶线）、Middle line（中线）、Base line（基线）和 Bottom line（底线），用于确定文字的位置。顶线位于大写字母的顶部，基线是指大写字母底部所在线。无下行的字母基线即是底线，下行的字母（有伸出基线以下部分的字母，如 j、p、y 等）底线与基线并不重合，而中线随文字中有无下行字母而不同，若无下行字母，即为大写字母的中部，如图 2-30 所示。

图 2-30　顶线、中线、基线和底线

在确定了文字的中上点位置后，用户需要在 AutoCAD 2024 提示下，依次输入文字的高度、旋转角度和文字内容。

> 指定高度<2.5000>:(输入文字高度)┘
> 指定文字的旋转角度<0>:(输入文字旋转角度)┘

在上述提示下，在命令行输入注释文字，每按一次〈Enter〉键，便启动一个新行。在输入完注释文字后，直接按〈Enter〉键结束 TEXT 命令。应注意，如果按〈Enter〉键之前取消了 TEXT 命令，将会丢失刚输入的所有文字。

（2）对正（J）

在"指定文字起点或[对正(J)样式(S)]:"提示下，输入 J，即可设置文字对正方式。此时，AutoCAD 2024 显示如下提示。

> 输入选项[左(L)/居中(C)/右(R)/对齐(A)/中间(M)/布满(F)/左上(TL)/中上(TC)/右上(TR)/
> 左中(ML)/正中(MC)/右中(MR)/左下(BL)/中下(BC)/右下(BR)]:

其中，"对齐（A）"和"布满（F）"要求用户指定文字基线的起始点与终止点的位置。所输入的文本字符均匀地分布于指定的两点之间。如果两点间的连线不水平，则文本行倾斜，字高、字宽根据两点间的距离、字符的多少以及文本样式中设置的宽度因子自动确定，即指定了两点之后，每行输入的字符越多，字宽和字高越小。其他选项为文字的对正方式，如图 2-31 所示。对正方式指定并确定后，执行输入文字的命令。

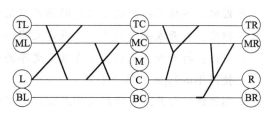

图 2-31　文字的对正方式

（3）样式（S）

输入 S，即可设置当前的文字样式。此时，AutoCAD 2024 显示如下提示：

输入样式名或[？]<Standard>：

在此提示下，用户可以直接输入文字样式的名称，也可输入"？"来查询当前存在的文字样式列表。

2.11.3　多行文字

可以使用文字格式工具来设置多行文字的样式、字体及大小等属性，使用快捷菜单可以设置缩进和制表位。

1. 命令输入方式

命令行：MTEXT

选项卡："默认"选项卡→"注释"面板→"多行文字" **A**

命令别名：T

2. 操作步骤

命令：MTEXT ↵
当前文字样式："Standard" 文字高度：2.5000　注释性：否↵
指定第一个角点：↵
指定对角点或[高度(H)/对正(J)/行距(L)/旋转(R)/样式(S)/宽度(W)/栏(C)]：↵

当在绘图区中指定一个用来放置多行文字的矩形区域后，便打开了多行文字编辑器，如图 2-32 所示。用它可设置多行文字的样式、字体及大小等属性。

图 2-32　多行文字编辑器

（1）"样式"面板

将文字样式应用于多行文字对象。默认情况下，Standard 文字样式处于激活状态。

● 注释性：打开或关闭当前文字对象的"注释性"。

● 文字高度：设定新文字的字符高度或更改选定文字的高度。如果当前文字样式没有固定高度，则文字高度是 TEXTSIZE 系统变量中存储的值。多行文字对象可以包含不同高度的字符。

● 遮罩：显示"背景遮罩"对话框。

（2）"格式"面板

- 匹配文字格式：将选定文字的格式应用到目标文字。
- 粗体：打开或关闭新文字或选定文字的粗体格式。
- 斜体：打开或关闭新文字或选定文字的斜体格式。"粗体"和"斜体"选项仅适用于使用 TrueType 字体的字符。
- 删除线：打开或关闭新文字或选定文字的删除线。
- 下画线：打开或关闭新文字或选定文字的下画线。
- 上画线：打开或关闭新文字或选定文字的上画线。
- 堆叠：当在文字输入窗口中选中的文字包含 "/" "^" "#" 等，及需用不同的格式来表示分数或指数等时，用"堆叠"按钮便可实现相应的堆叠与非堆叠的切换。
- 上标：将选定文字转换为上标，或者将选定的上标文字更改为普通文字。
- 下标：将选定文字转换为下标，或者将选定的下标文字更改为普通文字。
- 更改大小写：将选定文字更改为大写或小写。
- 字体：指定或更改文字的字体。
- 颜色：指定或更改文字的颜色。
- 清除格式：删除选定字符的字符格式、删除选定段落的段落格式或删除选定段落中的所有格式。
- 倾斜角度：为选定文字指定倾斜角度。倾斜角度表示的是相对于 90° 角方向的偏移角度。倾斜角度为 -85°~85°。倾斜角度的值为正时文字向右倾斜，倾斜角度的值为负时文字向左倾斜。
- 追踪：增大或减小选定字符之间的空间。1.0 代表常规间距。
- 宽度因子：扩展或收缩选定字符。1.0 代表常规宽度。

（3）"段落"面板

- 文字对正：确定文字对正的方式，有 9 个对齐选项可用。默认为"左上"选项。
- 项目符号和编号：对列表格式进行编辑。
- 行距：为当前段落进行行距设置。可使用预定义的行距选项进行设置，也可以使用"段落"对话框进行设计。"清除段落间距"选项可以删除当前段落的行距设置。
- 左对齐、居中、右对齐、两端对齐和分散对齐：设置当前段落的对正和对齐方式。

单击最右侧向下箭头可以打开如图 2-33 所示的"段落"对话框。

（4）"插入"面板

- 列：对文字进行分栏设置。
- 符号：在光标位置插入符号或不间断空格。
- 字段：显示"字段"对话框，从中可以选择要插入到文字中的字段。

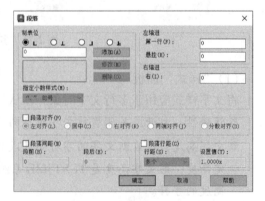

图 2-33 "段落"对话框

（5）"拼写检查"面板

● 拼写检查：打开或关闭拼写检查功能。

● 编辑词典：显示"词典"对话框，添加或删除在拼写检查过程中使用的自定义词典。

（6）"工具"面板

● 查找和替换：打开"查找和替换"对话框，对文字进行查找和替换。

● 输入文字：打开"选择文件"对话框，选择文件，将文件内容输入。

● 全部大写：启用后，AutoCAD 会检查输入的文字是否存在首字母小写而后面字母大写的情况。

（7）"选项"面板

对字符集、标尺、制表符等进行设置，还可以执行"放弃"或"重做"命令。

在文字输入窗口中右键单击鼠标，可以弹出"多行文字"快捷菜单，该菜单与文字编辑器中命令基本对应。

2.11.4 使用特殊字符

在实际设计绘图中，往往需要标注一些特殊的字符，由于这些特殊字符不能从键盘上直接输入，所以 AutoCAD 提供了特殊字符输入的控制符。

在多行文字编辑器的"插入"面板中（见图 2-32）单击@按钮，会出现特殊字符快捷菜单，如图 2-34 所示，给出了特殊字符的输入方法。例如，在文字输入窗口中输入"%%c"，结果文字显示为"□"。在菜单中选择"其他"选项，可以打开"字符映射表"对话框，如图 2-35 所示。从中可以选择并复制特殊符号。

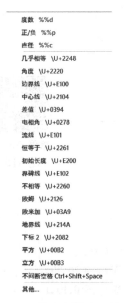

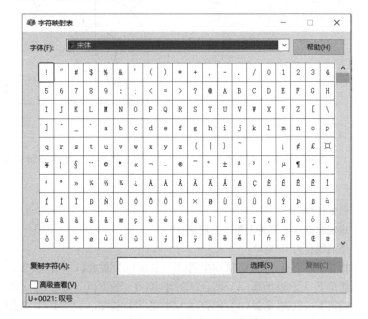

图 2-34　特殊字符输入方法　　　　　　图 2-35　"字符映射表"对话框

2.11.5 文字编辑

一般说来，文字编辑应包含修改文字内容和文字特性两个方面。

1. 在位编辑文字

AutoCAD 最方便的编辑文字的方法是直接双击一个文字对象进行在位编辑。在位编辑时，文字显示在图样中的真实位置并显示真实大小。

2. 文字编辑器

使用 MEDIT 命令或者双击文字本身打开文字编辑器，可以进行文字编辑。

3. 使用属性命令修改文字内容

在操作中，用户首先选取要修改的文字对象，再打开"特性"选项板，如图 2-36 所示。在其中可以修改文字对象的颜色、图层、线型、内容、字体样式等。

2.12 图形绘制实例

绘制如图 2-37 所示的图形。

图 2-36 文字对象属性

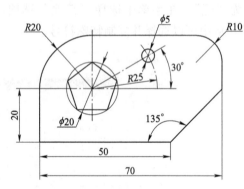

图 2-37 图形绘制实例

微课 2-3 图形绘制实例

命令:PLINE ↵

指定起点:(在屏幕上单击选定起点)

当前线宽为 0.0000

指定下一个点或[圆弧(A)/半宽(H)/长度(L)/放弃(U)/宽度(W)]:@50,0↵

指定下一点或[圆弧(A)/闭合(C)/半宽(H)/长度(L)/放弃(U)/宽度(W)]:@20,20↵

指定下一点或[圆弧(A)/闭合(C)/半宽(H)/长度(L)/放弃(U)/宽度(W)]:@0,10↵

指定下一点或[圆弧(A)/闭合(C)/半宽(H)/长度(L)/放弃(U)/宽度(W)]:A↵

指定圆弧的端点(按住〈Ctrl〉键以切换方向)或[角度(A)/圆心(CE)/闭合(CL)/方向(D)/半宽(H)/直线(L)/半径(R)/第二个点(S)/放弃(U)/宽度(W)]:CE↵

指定圆弧的圆心：@-10,0↵

指定圆弧的端点(按住〈Ctrl〉键以切换方向)或[角度(A)/长度(L)]：A↵

指定夹角(按住〈Ctrl〉键以切换方向)：90↵

指定圆弧的端点(按住〈Ctrl〉键以切换方向)或[角度(A)/圆心(CE)/闭合(CL)/方向(D)/半宽(H)/直线(L)/半径(R)/第二个点(S)/放弃(U)/宽度(W)]：L↵

指定下一点或[圆弧(A)/闭合(C)/半宽(H)/长度(L)/放弃(U)/宽度(W)]：@-40,0↵

指定下一点或[圆弧(A)/闭合(C)/半宽(H)/长度(L)/放弃(U)/宽度(W)]：A↵

指定圆弧的端点(按住〈Ctrl〉键以切换方向)或[角度(A)/圆心(CE)/闭合(CL)/方向(D)/半宽(H)/直线(L)/半径(R)/第二个点(S)/放弃(U)/宽度(W)]：CE↵

指定圆弧的圆心：@0,-20↵

指定圆弧的端点(按住〈Ctrl〉键以切换方向)或[角度(A)/长度(L)]：A↵

指定夹角(按住〈Ctrl〉键以切换方向)：90↵

指定圆弧的端点(按住〈Ctrl〉键以切换方向)或[角度(A)/圆心(CE)/闭合(CL)/方向(D)/半宽(H)/直线(L)/半径(R)/第二个点(S)/放弃(U)/宽度(W)]：CL↵

命令：POLYGON↵

输入侧面数 <4>：5↵

指定正多边形的中心点或[边(E)]：(选择半径为20的圆弧的圆心)

输入选项[内接于圆(I)/外切于圆(C)] <I>：I↵

指定圆的半径：10↵

命令：CIRCLE↵

指定圆的圆心或[三点(3P)/两点(2P)/切点、切点、半径(T)]：(选择半径为20的圆弧的圆心后输入)@25<30↵

指定圆的半径或[直径(D)]：2.5↵

2.13 习题

1. 练习绘图界限、绘图单位的设置。

2. AutoCAD 2024 常用的命令输入方式有几种？

3. 使用二维绘图命令绘制如图 2-38 所示的平面图形。

4. 使用 PLINE 命令绘制如图 2-39 所示的二维多段线。

5. 练习特殊字符的输入方法。

6. 用 AutoCAD 2024 输入文字时，直径符号"φ"的控制符为 （ ）

    A. %%d   B. %%p   C. %%c

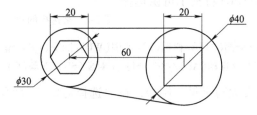

图 2-38　绘制平面图形

图 2-39　绘制二维多段线

微课 2-4　绘制平面图形

第3章　平面图形的编辑

本章主要内容：

● 选择对象

● 图形显示

● 编辑对象

使用 AutoCAD 可以很方便地绘制平面图形，但在更多的情况下，需要对已经绘出的图形对象进行编辑，如修改对象的大小、形状和位置等，这就要用到修改命令。可以使用多种方法修改对象，常用的方法如下。

1）在命令窗口或命令行中输入各种编辑命令。

2）在"草图与注释"工作空间，从"默认"选项卡上的"修改"面板上选择工具编辑图形，如图 3-1 所示。

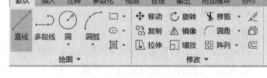

图 3-1　"修改"面板

3）通过夹点实现图形对象的编辑。

4）通过"特性"选项面板修改对象的特性。

微课 3-1　选择对象

3.1　选择对象

在 AutoCAD 中要修改对象，首先应将被修改的对象选择出来。可以先输入修改命令，这时在命令窗口和动态输入光标处会提示"选择对象："，选择要修改的对象，被选择的对象变为虚线且高亮显示，然后按〈Enter〉键确定并结束选择，进行后面相应的修改操作。

也可以先选择对象，然后输入修改命令，这时会跳过"选择对象："步骤，直接对事先选择的对象进行相应的修改操作。这种情况下，被选择的对象变为虚线且高亮显示，并出现蓝色的夹点，如图 3-2 所示的圆形和直线。

为了方便地在各种情况下选择物体，AutoCAD 提供了多种选择方法。在"选择对象："命令提示下输入"?"，AutoCAD 将提示可供选择的方法，有：

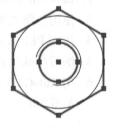

图 3-2　被选择的对象

> 需要点或窗口（W）/上一个（L）/窗交（C）/框（BOX）/全部（ALL）/栏选（F）/圈围（WP）/圈交（CP）/编组（G）/添加（A）/删除（R）/多个（M）/前一个（P）/放弃（U）/自动（AU）/单个（SI）/子对象（SU）/对象（O）

在输入命令时，可以直接输入各选项中的英文大写字母。例如，在"选择对象："命令状态下输入 L，将会选择上一个选择集。

另外，在特性编辑时还可以用过滤等方法快速构造选择集，下面介绍常用的选择方法。

3.1.1 逐个点取

微课3-2 逐个点取

逐个点取是最常用也是最简单的选择方法。把鼠标（或其他定点设备）指针移动到被选择对象上，该物体高亮显示，单击则对象被选择。一次选择一个对象，直到要选择的对象全部变为虚线且高亮显示为止。

如果在点取时不小心选择了不该选择的对象，可以按住〈Shift〉键并再次单击该对象，从而将其从当前选择集中删除。

在彼此靠近或重叠的对象中选择出所要修改的对象，如图3-3所示，选择中间的小线段，可以用如下方法。

在"选择对象:"命令提示下，将指针置于要选择的对象之上，然后按住〈Shift〉键并反复按空格键，这些重叠对象会循环高亮显示，直到所需对象高亮显示时，松开〈Shift〉键，单击，对象被选中。

也可以单击状态栏上"选择循环"按钮，这时在选择重叠或靠近的对象时会弹出"选择集"列表框，可以从中选择要操作的对象，如图3-3所示。

选择三维实体上重叠的子对象（面、边和顶点）时也可通过上述操作循环浏览对象。

图3-3 在彼此接近的对象中选择

3.1.2 矩形窗口选择

微课3-3 矩形窗口选择

同时选择一个区域内的多个对象时，使用逐个点取的方法很不方便。

如果在命令行"选择对象:"提示下输入 W［Window（窗口）］，可以用鼠标指定矩形两个对角点拖出一个矩形窗口，所有包含在这个矩形窗口内的对象将被同时选择，如图3-4所示。

如果在命令行"选择对象:"提示下输入 C［Crossing（窗交）］，可以用鼠标拖出一个矩形窗口，所有包含在这个矩形窗口内以及与窗口接触的对象将被同时选择，如图3-5所示。

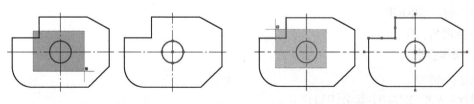

图3-4 窗口选择   图3-5 窗交选择

逐个点取对象时，如果在屏幕上用鼠标拖出一个窗口，也能执行窗选的命令。不过需要注意，若矩形窗口是从左向右拖出，则实现窗口选择功能；若矩形窗口是从右向左拖出，则实现窗交选择功能，该功能与在"选择对象:"提示下输入 BOX（框选）一样。

3.1.3 不规则窗口选择

微课3-4 不规则窗口选择

当图形特别复杂时，矩形窗口选择功能就显得不足了。

51

如果在命令行"选择对象:"提示下输入 WP［Window Polygon（圈围）］，可以用鼠标单击若干点，确定一个不规则多边形窗口，所有包含在这个窗口内的对象将被同时选择，如图 3-6 所示。

如果在命令行"选择对象:"提示下输入 CP［Crossing Polygon（圈交）］，则与窗交选择功能类似，所有包含在不规则多边形窗口中以及与窗口接触的对象将被同时选择。

3.1.4 栅栏选择

如果在命令行"选择对象:"提示下输入 F［Fence（栏选）］，可以用鼠标像画线一样画出几段折线，所有与折线相交的对象将被同时选择，如图 3-7 所示。

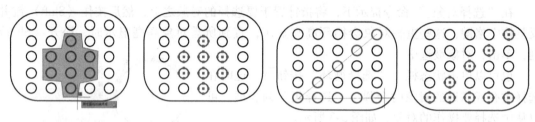

图 3-6 圈围选择 图 3-7 栅栏选择

3.1.5 全选

如果在命令行"选择对象:"提示下输入 ALL（全部），可以选择非冻结图层上的所有对象。

3.1.6 编组选择

AutoCAD 允许把不同的对象编为组，根据需要一起选择和编辑。在命令行"选择对象:"提示下输入 G［Group（编组）］，可以通过输入编组名来选择编组中的所有对象。编组方法如下。

微课 3-5 编组选择

1. 命令输入方法

命令行：GROUP

命令别名：G

2. 操作步骤

命令:GROUP ↵
选择对象或［名称(N)/说明(D)］:N↵
输入编组名或［?］:(输入组名)↵
选择对象或［名称(N)/说明(D)］:(选择要编组的对象)↵

3. 使用传统"对象编组"对话框

在命令窗口中输入 CLASSICGROUP 命令，弹出"对象编组"对话框，如图 3-8 所示。

在"对象编组"对话框的"编组标识"选项组中，输入"编组名（G）"和"说明（D）"，然后在"创建编组"选项组中，单击"新建（N）"按钮，对话框暂时关闭，回到工作界面，选择若干对象，并按〈Enter〉键，返回对话框，单击"确定"按钮，完成编组。

通过对话框"修改编组"选项组可以对编组进行修改，例如，用"删除（R）"按钮删除编组中的对象；用"添加（A）"按钮向编组中加入对象；用"分解（E）"按钮将编组分解等。

对象一旦编为一组，就可以作为一个整体同时操作。通过修改系统变量 PICKSTYLE 的值可以选择是否对组中的单独对象进行操作。PICKSTYLE 的值有 0、1、2、3，初始值为 1，含义如下。

- 0：不使用编组选择和关联填充选择。
- 1：使用编组选择。
- 2：使用关联填充选择。
- 3：使用编组选择和关联填充选择。

图 3-8　"对象编组"对话框

3.1.7　选择的设置

利用"选项"对话框中的"选择集"选项卡，可以对选择进行设置。操作方法如下。

命令行：DDSELECT

菜单栏：工具→选项…→选择集

"选项"对话框中"选择集"选项卡如图 3-9 所示。在此可以对拾取框的大小、选择预览效果、选择集模式以及夹点尺寸和模式进行设置。

在"预览"选项组中，单击"视觉效果设置（G）"按钮，可以打开"视觉效果设置"对话框进行相关设置，如图 3-10 所示。

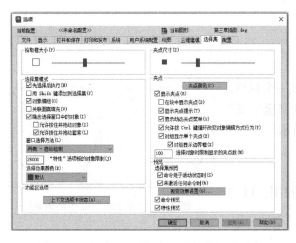

图 3-9　"选项"对话框中"选择集"选项卡

图 3-10　"视觉效果设置"对话框

3.2　图形显示功能

绘制或编辑复杂图形时，经常要观看图形的某些细节，这时就需要对图形视图进行放大、缩小或平移。对于重叠对象，有时还需要控制对象叠放的顺序。在这里一定要清楚，对图形视图的显示操作只改变图形在屏幕上的显示，而图形本身的绝对大小以及在世界坐标系中的位置是不变的。

对图形视图显示的操作一般可以通过命令行、导航栏完成。

3.2.1 视图的重画

在画图或删除过程中，有时屏幕上会留下杂散的像素，如点或残线段等，使视图显得杂乱。这时可利用重画命令消除。

1. 命令输入方式

命令行：REDRAW

命令别名：R

2. 操作步骤

命令：REDRAW ↲

利用"重画"命令一次可以清理一个视口。如果要同时清理多个视口，可以用"全部重画"命令。

"重画"命令在 AutoCAD 早期版本中是个常用命令，现在已经很少使用了。

3.2.2 视图的重生成

有时对象在屏幕上显示会变形，如圆变成了多边形，这时要用 REGEN 命令在当前视口中重生成整个图形并重新计算所有对象的屏幕坐标，优化显示和选择对象的性能。

1. 命令输入方式

命令行：REGEN

命令别名：RE

2. 操作步骤

命令：REGEN ↲

利用"重生成"命令一次可以重生成一个视口。如果要同时重生成多个视口，可以用"全部重生成"命令。"重生成"命令的效果如图 3-11 所示。

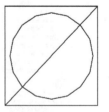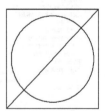

图 3-11 "重生成"命令的效果

3.2.3 视图的平移

该功能不对视图进行缩放，只平移视图，以观看所需部分图形。

1. 实时平移

1）命令输入方式：

命令行：PAN

导航栏：🖐

命令别名：P

2）其他方法：水平和垂直拖动滚动条；按住鼠标中键的同时移动鼠标。

当输入"平移"命令并按〈Enter〉键后，指针变为手掌形，并出现命令提示："按

〈Esc〉或〈Enter〉键退出，或单击右键显示快捷菜单"。按住鼠标左键，上下左右拖动，就能对视图进行平移，以观看所需部分图形。"平移"命令可用"缩放上一个"命令来恢复。

2. 定点平移

"定点平移"命令可以指定一个点，点的坐标即平移的相对位移；也可以指定两个点，从第一点（基点）到第二点位移。

定点平移的命令为"-Pan"。

3.2.4 图形视图的缩放

缩放工具位于"视图"选项卡下"二维导航"面板。

1. 命令输入方式

命令行：ZOOM

导航栏：📷

命令别名：Z

2. 操作步骤

> 命令：ZOOM ↵
> 指定窗口的角点,输入比例因子（nX 或 nXP）,或者
> ［全部(A)/中心(C)/动态(D)/范围(E)/上一个(P)/比例(S)/窗口(W)/对象(O)］<实时>:

从命令提示中可以看出，默认情况下可以指定窗口的角点，或者输入"比例因子（nX或nXP）"；如果直接按〈Enter〉键，则实现实时缩放；如果输入方括号中的选项，则进入其他的缩放模式。单击鼠标右键，显示视图"缩放"命令的快捷菜单。

各种缩放方法含义如下。

- 实时缩放：在"缩放"（ZOOM）命令提示下直接按〈Enter〉键，可以对视图进行实时缩放。即按住鼠标左键，通过向上拖动实现动态放大，向下拖动实现动态缩小。"实时缩放"在导航栏中的按钮是📷。另外，通过上下滚动鼠标中键，也可以实现动态缩放。

- 窗口缩放：指定窗口角点，即用坐标输入的方法或利用鼠标拖出一个矩形的两个对角，建立一个矩形观察区域，矩形区域满屏显示，矩形的中心变为新视图的中心，实现视图的放大或缩小。如果在"缩放"命令提示下输入 W［Window（窗口）］，按〈Enter〉键，可以实现同样的功能，即窗口缩放。

- 动态缩放：在"缩放"命令提示下输入 D［Dynamic（动态）］，可以动态改变视口的位置和大小，使其中的图像平移或缩放，充满整个视口。

操作时首先显示平移视图框，将其移动到所需位置并单击，视图框变为缩放视图框，调整其大小，以确定缩放比例。再单击又变为平移视图框，可以再次调节其位置，再次单击又变为缩放视图框，如此循环。调整合适后按〈Enter〉键确定缩放。

- 比例缩放：在默认情况下，如果输入的是一个比例因子，可以实现比例缩放。"比例缩放"命令按钮是📷，效果如图3-12所示。

"放大"按钮📷和"缩小"按钮📷，其实也是比例缩放。前者的比例因子为2X，后者为0.5X。

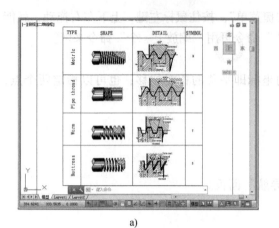
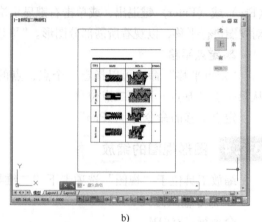

a)

b)

c)

图 3-12 比例缩放的效果

a) 缩放前的视图   b) 比例因子 0.5X   c) 比例因子 2X

● 中心缩放：如果在缩放命令提示下输入 C［Center（中心）］，可以实现中心点缩放。即指定一点作为视图显示的中心点，再指定比例因子或窗口高度以确定视图的缩放。操作步骤如下。

命令：ZOOM ↵
指定窗口的角点，输入比例因子（nX 或 nXP），或者
［全部(A)/中心(C)/动态(D)/范围(E)/上一个(P)/比例(S)/窗口(W)/对象(O)］<实时>：C ↵
指定中心点：
输入比例或高度 <175.5033>：2X

指定窗口高度是指指定新视图视窗的高度，尖括号中的数值是原来视窗的高度。用指定高度的方法进行缩放，缩放比例为原来视窗高度/指定高度。指定高度小于原来视窗高度时放大，否则缩小。

● 缩放对象：缩放以便尽可能大地显示一个或多个选定的对象并使其位于绘图区域的中心。可以在启动 ZOOM 命令之前或之后选择对象。

● 全部显示：如果在 ZOOM 命令提示下输入 A［All（全部）］，则显示当前视口中的整个

图形，将图形缩放到图形界限或当前绘图范围两者较大的区域中。这是经常用的"缩放"命令，可以用来观察图形的全貌。

- 范围缩放：在 ZOOM 命令提示下输入 E［Extents（范围）］，可以使图形绘图范围内所有对象最大显示。与 Zoom All 命令相似。
- 缩放上一个：在 ZOOM 命令提示下输入 P［Previous（上一个）］，可以回到上一个视图。"缩放上一个"命令按钮为 。

在编辑图形时，经常要放大图形的局部，对局部修改完毕后，需要回到以前的状态。这时可以利用"显示上一个视图"命令。

3.2.5　重叠对象排序

在绘图时，某些图形对象会重叠到一起，有时需要更改叠放对象的显示次序，这时可以使用"绘图次序"命令为重叠对象的默认显示排序。这些命令位于"默认"选项卡"修改"面板的下拉菜单中，如图 3-13 所示。"绘图次序"工具栏上也有相同命令。

微课 3-6　重叠对象排序

1. 命令输入方式

命令行：DRAWORDER

命令别名：DR

2. 操作步骤

命令：DRAWORDER ↙
选择对象：（选择操作对象）↙
输入对象排序选项［对象上（A）/对象下（U）/最前（F）/最后（B）］〈最后〉：（选择操作）↙

除了 DRAWORDER 命令外，TEXTTOFRONT 命令可以将图形中所有文字、标注或引线置于其他对象的前面；HATCHTOBACK 命令可以将所有图案填充对象置于其他对象的后面；可以使用 DRAWORDERCTL 系统变量控制重叠对象的默认显示行为。图形对象排序的效果如图 3-14 所示。

图 3-13　"绘图次序"命令

图 3-14　排序效果（将圆及其填充前置）

3.3 夹点模式编辑

夹点（GRIPS）模式是编辑中常用的方法。要使用夹点编辑，必须启用夹点。

3.3.1 启用夹点

1）在"工具"菜单中选择"选项"，打开"选项"对话框。

2）在"选项"对话框中切换到"选择集"选项卡，在其中选择"启用夹点"选项，设置夹点的状态，然后确定。

启用夹点后，当选择对象时，被选中的对象显示出蓝色（默认设置）夹点，如图 3-15 所示。夹点显示了对象的特征。按〈Esc〉键，或改变视图显示，如缩放、平移视图，可取消夹点的选择。

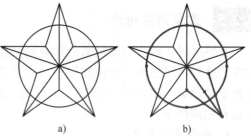

选择了对象的夹点，就可以利用夹点对对象进行拉伸、移动、旋转、比例缩放和镜像等编辑，按〈Enter〉键或空格键可以循环浏览上述各种编辑模式。

a)   b)

图 3-15 对象的夹点
a）对象未被选中 b）对象被选中显示夹点

3.3.2 利用夹点修改对象

1）选择要修改的对象，显示出夹点。

2）选择其中一个夹点，此夹点变为红色。如果不再指定基点，所选点即可作为基点。

3）命令行显示如下：

> ＊＊拉伸＊＊
> 指定拉伸点或［基点(B)/复制(C)/放弃(U)/退出(X)］：

此时可以对对象进行拉伸。

利用夹点拉伸方法修改对象是很方便的，例如，要修改一条直线的端点位置，只要选择直线端点处的夹点，输入坐标或捕捉到相应点即可。

4）如果要对对象进行其他修改，保持夹点被选中，按〈Enter〉键，修改方式依次循环切换为移动、旋转、比例缩放、镜像、拉伸……

利用夹点拉伸、移动、旋转、比例缩放、镜像的效果分别如图 3-16~图 3-20 所示。

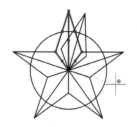

图 3-16 利用夹点拉伸对象   图 3-17 利用夹点移动对象   图 3-18 利用夹点旋转对象

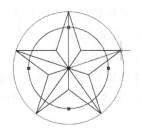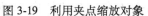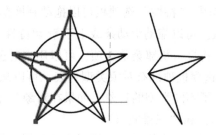

图 3-19　利用夹点缩放对象　　　　图 3-20　利用夹点镜像对象

夹点编辑中各选项含义如下。

- 基点（B）：选择操作的基点。
- 复制（C）：在修改过程中，制作对象的副本。
- 放弃（U）：放弃命令。
- 参照（R）：在旋转中以参考方式指定转角或在缩放中以参考方式指定比例。详细用法见"旋转"和"缩放"命令。
- 退出（X）：退出夹点编辑。

3.4　特性编辑

每个对象都具有特性，有些特性是多数对象所共同具有的，例如，图层、颜色、线型和打印样式等是基本特性；有些特性是某个对象所专用的，例如，直线的起、末点坐标，长度和角度等是对象的专有几何特性。在编辑图形对象时，使用特性编辑是一种非常方便的方法。

3.4.1　"特性"选项板

在功能区中的"常用"选项卡上，可以使用"图层"和"特性"面板来设置或更改最常用的特性，如图层、颜色、线宽和线型等。如果要集中更改单个或多个对象特性，可以使用"特性"选项板。

1. 命令输入方式

命令行：PROPERTIES

选项卡："默认"选项卡→"特性"面板→"特性"

命令别名：CH

其他方法：〈Ctrl+1〉

2. 操作步骤

命令：PROPERTIES ↵

AutoCAD 弹出"特性"选项板，如图 3-21 所示，图中显示了一个圆的特性。

如果之前已经选择了单个对象，"特性"选项板中将显示该对象的几乎全部特性；如果选定了多个对象，可以查看并更改它们的常用特性。可以在此选项板中方便地修改选定对象的各项特性，只需更改数值或选项即可。双击对象也可以打开其"快捷特征"选项板。

为方便作图,"特性"选项板可以拖动到屏幕的任何位置,也可以单击"自动隐藏"按钮 🔟 自动隐藏。可以拖动滚动条或上下滑动特性列表,以便显示需要的特性。在标题栏上单击右键时,将显示快捷菜单选项,可以用来对选项板进行移动、隐藏等操作。

"特性"选项板顶部有对象类型列表,可以从中选择要显示和修改哪个被选择的对象的特性。若选择了不同类型的对象,如果在对象类型列表中选择"全部",则只能显示基本特性,如"常规"和"三维效果"。

对象类型列表旁边的三个按钮可用于选择,从左到右分别是"切换 PICKADD 系统变量的值""选择对象"和"快速选择"。其含义分别如下。

- "快速选择" 🎇:单击此按钮,可以打开"快速选择"对话框,用来创建基于过滤条件的选择集。
- "选择对象" 🎇:可以使用任意选择方法选择所需对象。
- "切换 PICKADD 系统变量的值" 🎇:打开时,系统变量 PICKADD = 1,按钮显示为 🎇,表示每个选定的对象都将添加到当前选择集中;关闭时,系统变量 PICKADD = 0,按钮显示为 🔟,表示选定对象将替换当前的选择集。

3.4.2 快速选择

单击"特性"选项板上"快速选择"按钮 🎇,可以打开"快速选择"对话框,如图 3-22 所示。该对话框也可以通过输入 QSELECT 命令打开。

图 3-21 "特性"选项板

图 3-22 "快速选择"对话框

"快速选择"对话框各选项含义如下。

- 应用到(Y):将过滤条件应用到整个图形或当前选择集。如果选择了"附加到当前选择集"复选按钮,过滤条件将应用到整个图形。

- "选择对象" : 临时关闭"快速选择"对话框，允许用户回到工作空间选择要对其应用过滤条件的对象。
- 对象类型（B）：指定要包含在过滤条件中的对象类型。
- 特性（P）：指定过滤器的对象特性，此列表框包括选定对象类型的所有可搜索特性，选定的特性决定"运算符"和"值"下拉列表框中的可用选项。
- 运算符（O）：控制过滤的范围。根据选定的特性，选项可包括"等于""不等于""大于""小于"和"*通配符匹配"（只能用于可编辑的文字字段）。使用"全部选择"选项将忽略所有特性过滤器。
- 值（V）：指定过滤器的特性值。
- 如何应用：指定是将符合设定过滤条件的对象包括在新选择集内或是排除在新选择集之外。
- 附加到当前选择集（A）：选择创建的选择集替换还是附加到当前选择集。

用"快速选择"对话框可以很方便地选择对象，尤其是同时选择某一类或某些具有相同特征的对象，如图 3-23 所示。

在图 3-23a 中，为了制作轮齿，创建了分度圆的等分点，绘制好轮齿后要删除这些点。为了一次将这些点全部选中，可以执行以下操作。

1）打开"快速选择"对话框。

2）在"对象类型"列表框中选择"点"，这时选择的过滤条件为"点"。

3）在"运算符"下拉列表框中选择"全部选择"选项。

4）单击"选择对象"按钮 ，切换到屏幕确定选择对象的范围，确定并返回对话框。如果不选择任何对象可直接按〈Enter〉键确定，则对整个图形应用过滤条件。

5）单击"确定"按钮，完成点的选择，如图 3-23b 所示。

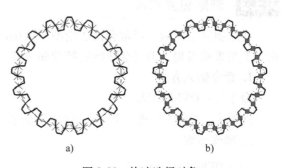

图 3-23 快速选择对象

a）要选择的对象 b）选择全部点

3.5 删除和恢复

3.5.1 删除

删除对象是一个基本的操作。在 AutoCAD 中可以用以下方法删除对象。

- 使用"删除"命令删除对象。
- 选择要删除的对象后，按〈Delete〉键。
- 选择对象，用"剪切"命令，剪切到剪贴板，以备以后粘贴用。
- 用"清理"命令删除不使用的命名对象，包括块定义、标注样式、图层、线型和文字样式。

1. 命令输入方式

命令行：ERASE

选项卡："默认"选项卡→"修改"面板 →"删除" ✏

命令别名：E

2. 操作步骤

命令：ERASE ↵

选择对象：选择要删除的对象↵

选择对象：（继续选择要删除的对象或按〈Enter〉键删除选定的对象）

在用 ERASE 命令删除对象的过程中，可以用本章第一节中介绍的所有对象选择方法。

3.5.2　恢复删除误操作

有时因为意外，删除了不该删除的对象，这时可以用"放弃"命令来恢复意外删除的对象，即放弃前面的删除操作。

"放弃" ⟲ ▾ 和"重做" ⟳ ▾ 是一对相反的命令，对应的命令按钮位于快速访问工具栏上，"标准"工具栏上也有这两个工具。这两个按钮右边都有小黑三角，表明单击这个按钮可以打开选择项，可以选择放弃到前面操作中哪一项或重做到已经放弃操作中的哪一项。

3.5.3　删除重复对象

在绘制复杂图形时经常会由于绘图不精确而出现重复绘线或图线间局部重叠的情况，在视觉上很难被发现，但是会影响后续的命令和操作，这时可以使用"删除重复对象"命令。

1. 命令输入方式

命令行：OVERKILL

选项卡："默认"选项卡 → "修改"面板→"删除重复对象" ⚠

2. 操作步骤

命令：OVERKILL ↵

选择对象：（选择要删除的对象）↵

弹出"删除重复对象"对话框，如图 3-24 所示。设置选项后单击"确定"按钮，完成删除重复对象操作。

"删除重复对象"对话框各选项含义如下。

- 公差（N）：控制重复对象匹配的精度。
- 忽略对象特性：选择重复对象在比较过程中要忽略的特性。
- 选项：设置相应选项以控制直线、圆弧和多段线等对象的处理方式。

图 3-24　"删除重复对象"对话框

3.6 改变对象的位置和大小

改变对象在空间中的位置和大小主要用"移动""旋转""比例缩放"和"对齐"等修改命令。

3.6.1 移动对象

移动对象是指改变对象在坐标系中的位置。

1. 命令输入方式

命令行：MOVE

选项卡："默认"选项卡→"修改"面板→"移动" ✛

命令别名：M

2. 操作步骤

> 命令：MOVE ↵
>
> 选择对象：(选择要移动的对象)
>
> 选择对象：(继续选择要移动的对象或按〈Enter〉键确定所选择的对象)↵
>
> 指定基点或[位移(D)]<位移>：(输入一点的坐标或在屏幕上取点)
>
> 指定第二个点或 <使用第一个点作为位移>：(指定第二点或按〈Enter〉键)

微课3-9
移动对象

从操作提示中可以看出，确定对象移动的位移有两种方法：输入一点或输入两点。如果输入一点，对象的位移是这一点的坐标值；如果输入两点，则对象的位移是两点的坐标差，所以移动是有正负方向的。输入两点方式更多的是利用捕捉等方法从屏幕上取点，即把对象从一点精确地移动到另一点。移动的效果如图3-25所示。

图3-25 移动的效果

3.6.2 旋转对象

旋转对象是指将选择的对象绕指定点旋转一定的角度。

1. 命令输入方式

命令行：ROTATE

选项卡："默认"选项卡→"修改"面板→"旋转" ↻

命令别名：RO

微课3-10
旋转对象

2. 操作步骤

> 命令：ROTATE ↵
>
> UCS当前的正角方向：ANGDIR=逆时针　ANGBASE=0
>
> 选择对象：
>
> 选择对象：(继续选择要旋转的对象或按〈Enter〉键确定所选择的对象)↵
>
> 指定基点：(指定点作为旋转中心)
>
> 指定旋转角度或[复制(C)/参照(R)]：[输入角度数值或输入C(复制)或输入R(参照)]↵

从操作提示中可以看出，旋转可以使用绝对角度和参照角度。

如果在"指定旋转角度或[复制（C）/参照（R）]："提示下输入 C 后再执行"旋转"命令，则边旋转边复制，即保留旋转的原对象。

（1）绝对角度

绝对角度有以下两种。

1）输入旋转角度数值，如 45，表示旋转 45°。

2）绕基点拖动对象并用鼠标在屏幕上指定一点或用键盘输入点的坐标，基点和指定点连线方向所确定的角度为旋转角度。

（2）参照角度

在操作提示"指定旋转角度或[复制（C）/参照（R）]："下输入 R，并按〈Enter〉键，命令提示如下。

> 指定参照角 <0>:（输入角度数值或取点）↵
> 指定新角度:（输入角度数值或取点）↵

旋转角度为参照角与新角度之差。

如果取点，输入的第一点与第二点连线确定参照角，第一点与第三点连线确定新角度。

下面用一个例子来说明利用参照角度旋转对象的方法。

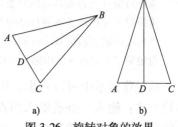

图 3-26　旋转对象的效果

a）旋转前　b）旋转后

【**例 3-1**】　如图 3-26 所示，旋转等腰三角形，使其高 *BD* 的方向角为 90°。

命令操作如下：

> 命令：ROTATE ↵
> UCS 当前的正角方向:ANGDIR＝逆时针　　ANGBASE＝0
> 选择对象:（选择三角形和高）
> 选择对象:↵
> 指定基点:（利用捕捉方法指定点 D）
> 指定旋转角度或[复制（C）/参照（R）]: R ↵
> 指定参照角 <0>:（利用捕捉方法指定点 D ）
> 指定第二点:（利用捕捉方法指定点 B）
> 指定新角度或[点（P）] <0>:　90 ↵

这里提到的"捕捉"是一种精确取点的方法，具体使用可参考 5.2 节。

3.6.3　缩放对象

缩放对象是指不改变对象间的比例，而放大或缩小对象。

1. 命令输入方式

命令行：SCALE

选项卡："默认"选项卡 → "修改"面板 → "缩放" ▢

命令别名：SC

2. 操作步骤

命令：SCALE ↵

选择对象：(选择要缩放的对象)

选择对象：(继续选择要缩放的对象或按〈Enter〉键确定所选择的对象)↵

指定基点：(指定点作为缩放的中心)

指定比例因子或[复制(C)/参照(R)]<1.0000>:[指定缩放比例或输入C(复制)或输入R(参照)]↵

从操作提示中可以看出，缩放可以使用绝对比例和参照比例，也可以选择边缩放边复制，这与"旋转"命令类似。

（1）绝对比例

绝对比例大于1时放大对象；绝对比例小于1时缩小对象。

（2）参照比例

如果在操作提示"指定比例因子或[复制(C)/参照(R)]:"下输入R并按〈Enter〉键，命令提示如下：

指定参照长度 <1>:(输入长度数值或取点)↵

指定新长度或[点(P)]:(输入长度数值或取点)↵

缩放的比例为新长度与参照长度之比。

如果取点，输入第一点与第二点连线长度确定参照长度，第一点与第三点连线长度确定新长度。

3.6.4 对齐二维对象

对齐对象是指使对象与另一个对象对齐。实际上，对齐是一个三维修改命令，但在平面绘图中使用也是非常方便的。

微课3-11 对
齐二维对象

1. 命令输入方式

命令行：ALIGN

选项卡："默认"选项卡→"修改"面板→"对齐二维对象"

命令别名：AL

2. 操作步骤

命令：ALIGN ↵

选择对象：(选择对齐的源物体)

选择对象：(选择物体或确定选择)↵

指定第一个源点：(在源物体上指定一点)

指定第一个目标点：(在目标物体上指定一点)

指定第二个源点：(继续指定或按〈Enter〉键结束)

指定第二个目标点：

指定第三个源点或 <继续>:(继续指定或按〈Enter〉键)↵

是否基于对齐点缩放对象？[是(Y)/否(N)]<否>:(Y缩放或N不缩放)↵

对齐命令比较长，但比较简单。实际上就是要把源物体上的源点，分别对齐到目标物体上的目标点。

1）对齐可以指定一对源点和目标点，这时相当于把源物体从源点移动到目标点。

2）当指定两对源点和目标点时，物体不仅会移动，还会旋转，即源物体的一条边与目标物体的一条边对齐。多用于平面图形的对齐。

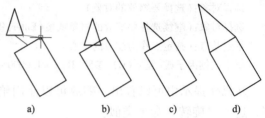

3）当指定三对源点和目标点时，物体不仅会移动，还会旋转，即源物体的一个面与目标物体的一个面对齐。多用于三维物体的对齐。

4）指定两对点对齐时，可以选择源物体对齐后是否基于对齐点缩放对象。

二维物体的对齐效果如图 3-27 所示。

图 3-27　二维物体的对齐效果
a）对齐前　b）一对点　c）两对点　d）两对点并缩放

3.7　复制对象的编辑命令

有些编辑命令可以用来在图形中创建与选定对象相同或相似的副本，这些命令主要有"复制""镜像""偏移"和"阵列"。前文已经提到，旋转和缩放的同时也可以选择是否复制对象。

3.7.1　复制命令

复制对象是指在指定位置处创建对象副本。

1. 命令输入方式

命令行：COPY

选项卡："默认"选项卡→"修改"面板→"复制"

命令别名：CO

2. 操作步骤

命令：COPY ↵
选择对象:（选择要复制的对象）
选择对象:（继续选择要复制的对象或按〈Enter〉键确定所选择的对象）↵
当前设置：复制模式 = 多个
指定基点或［位移(D)/模式(O)］<位移>:（输入坐标或取点以确定复制和基点）
指定第二个点或 <使用第一个点作为位移>:（指定第二点或按〈Enter〉键）
指定第二个点或［退出(E)/放弃(U)］<退出>:↵

细心的读者会发现，对象复制和对象移动的命令操作几乎是一样的。实际上，复制就是把对象移动到指定点而保留原对象，如图 3-28 所示。

复制的模式是指一次复制单个副本还是多个副本，AutoCAD 默认复制模式是多个。

复制时，在"指定第二个点或［退出(E)/放弃(U)］"提示下每指定一个位移点就复制一个对象，可以实现重复复制对象，直到按〈Enter〉键确定或按〈Esc〉键取消操作。

3.7.2　镜像对象

镜像是指创建选定对象的关于指定直线对称的对象（镜像对象）。

1. 命令输入方式

命令行：MIRROR

选项卡："默认"选项卡→"修改"面板→"镜像" ⚒

命令别名：MI

2. 操作步骤

命令：MIRROR ↲
选择对象：(选择要镜像的源对象)
指定镜像线的第一点：
指定镜像线的第二点：
要删除源对象吗？[是(Y)/否(N)] <N>：↲

镜像的效果如图 3-29 所示。

图 3-28 复制的效果   图 3-29 镜像的效果

镜像过程中，在不同的情况下需要决定是否对文字也生成镜像。AutoCAD 在默认情况下，不对文字生成镜像。如果要对文字生成镜像，可以用系统变量 MIRRTEXT 来控制，操作如下。

命令：MIRRTEXT
输入 MIRRTEXT 的新值 <0>：1

MIRRTEXT 的取值为 0 或 1，具体效果如图 3-30 所示。

3.7.3 偏移对象

偏移对象是指创建形状与选定对象形状平行的新对象。

不是所有对象都可偏移。如果对不能偏移的对象使用"偏移"命令，系统会提示："无法偏移该对象"。可以偏移的对象有直线、圆、圆弧、椭圆和椭圆弧、二维多段线、样条曲线、构造线和射线。

1. 命令输入方式

命令行：OFFSET

选项卡："默认"选项卡→"修改"面板 → "偏移" ⚒

命令别名：O

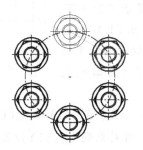
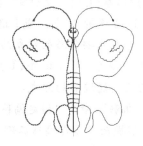

图 3-30 文字镜像的控制

a) MIRRTEXT = 1 b) 源物体 c) MIRRTEXT = 0

2. 操作步骤

> 命令：OFFSET ↵
> 当前设置：删除源=否　图层=源　OFFSETGAPTYPE=0
> 指定偏移距离或[通过(T)/删除(E)/图层(L)]<通过>:(输入数值或指定两点确定偏移的距离,或输入 T/E/L)
> 　选择要偏移的对象,或[退出(E)/放弃(U)]<退出>:
> 　指定要偏移的那一侧上的点,或[退出(E)/多个(M)/放弃(U)]<退出>:
> 　选择要偏移的对象,或[退出(E)/放弃(U)]<退出>:↵

偏移的效果如图 3-31 所示。

"偏移"命令中各选项的解释如下。

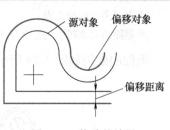

图 3-31　偏移的效果

- 通过（T）：在"偏移"命令"指定偏移距离或[通过(T)/删除(E)/图层(L)]<通过>"提示下输入 T，则提示"选择要偏移的对象，或[退出(E)/放弃(U)]<退出>:"，指定要偏移的对象后提示"指定通过点或[退出(E)/多个(M)/放弃(U)]<退出>:"，此时偏移类型为指定通过点的方式。

- 删除（E）：在"偏移"命令"指定偏移距离或[通过(T)/删除(E)/图层(L)]<通过>"提示下输入 E，则提示"要在偏移后删除源对象吗？[是(Y)/否(N)]<否>"，可以控制偏移时是否保留源对象。

- 图层（L）：在"偏移"命令"指定偏移距离或[通过(T)/删除(E)/图层(L)]<通过>"提示下输入 L，则提示"输入偏移对象的图层选项[当前(C)/源(S)]<源>"，控制偏移对象是否与源对象在同一层。

- 重复：在"偏移"命令"指定通过点或[退出(E)/多个(M)/放弃(U)]<退出>:"提示下输入 M，则打开重复偏移模式。如果已经指定过偏移距离，则以确定好的距离重复偏移操作。

3.7.4　阵列对象

阵列是指复制对象并形成按规律排列的对象副本。排列规律包括矩形、路径和环形三种，因此，阵列工具 也应包含"矩形阵列" 、"路径阵列" 和"环形阵列" 三个按钮。

1. 命令输入方式

命令行：ARRAY

选项卡："默认"选项卡→"修改"面板→"阵列"

命令别名：AR

2. 操作步骤

> 命令:ARRAY ↵
> 选择对象:(选择阵列的源对象)↵
> 选择对象:输入阵列类型[矩形(R)/路径(PA)/极轴(PO)]<矩形>:

选择阵列类型后，在"草图与注释"工作空间会出现相应类型"阵列"上下文功能区，可以进行设置并完成操作，也可以直接拖动阵列对象的夹点或者在命令窗口中修改选项进行设置和操作。

可以通过命令直接进入一种类型阵列操作，跳过选择阵列类型步骤，三种阵列类型对应命令分别是 ARRAYRECT（矩形）、ARRAYPATH（路径）和 ARRAYPOLAR（环形）。三种阵列具体操作如下。

微课 3-12
矩形阵列

（1）矩形阵列

命令：ARRAYRECT
选择对象：(选择阵列的源对象)↵
选择对象：↵
类型 = 矩形　关联 = 是
选择夹点以编辑阵列或［关联(AS)/基点(B)/计数(COU)/间距(S)/列(COL)/行(R)/层(L)/退出(X)］<退出>：

矩形阵列操作及"阵列"上下文功能区如图 3-32 所示。

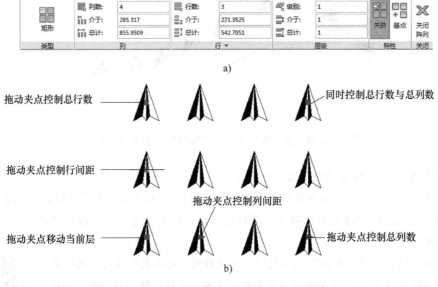

a)

拖动夹点控制总行数 ———

——— 同时控制总行数与总列数

拖动夹点控制行间距 ———

拖动夹点控制列间距

拖动夹点移动当前层 ———

——— 拖动夹点控制总列数

b)

图 3-32　矩形阵列操作及"阵列"上下文功能区

矩形阵列中各选项或参数含义如下。

- 关联（AS）：设置阵列项目间是否关联。
- 基点（B）：设置阵列放置项目的基点。
- 计数（COU）：指定行数和列数。
- 间距（S）：指定行间距和列间距。
- 列（COL）：设置阵列中的列数。
- 行（R）：设置阵列中的行数。
- 层（L）：指定阵列中的层数，如图 3-33 所示。

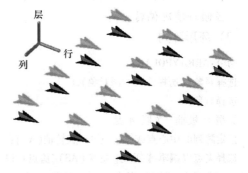

图 3-33　阵列的层

（2）路径阵列

命令：ARRAYPATH↵

选择对象：（选择阵列的源对象）↵

选择对象：↵

类型 = 路径　关联 = 是

选择路径曲线：（指定路径）↵

微课 3-13
路径阵列

选择夹点以编辑阵列或[关联（AS）/方法（M）/基点（B）/切向（T）/项目（I）/行（R）/层（L）/对齐项目（A）/Z 方向（Z）/退出（X）]＜退出＞：

路径阵列操作及"阵列"上下文功能区如图 3-34 所示。

a)

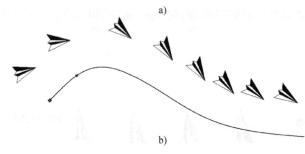

b)

图 3-34　路径阵列操作及"阵列"上下文功能区

路径阵列功能区各选项或参数含义如下。

● 方法（M）：控制如何沿路径分布项目，可以选择"定数等分"和"定距等分"两种方式。

● 切向（T）：指定阵列中的项目与路径起始方向的对齐方式。可选择"两点"或"普通"选项。

● 项目（I）：根据"方法"选项设置，指定阵列项目数或项目之间的距离。

● 对齐项目（A）：指定每个项目是否相对于第一个项目随路径切线方向旋转。

● Z 方向（Z）：当路径是三维路径时，控制项目保持原 Z 方向或者随路径倾斜情况偏转。

微课 3-14
环形阵列

（3）环形阵列

命令：ARRAYPOLAR↵

选择对象：（选择阵列的源对象）↵

选择对象：↵

类型 = 极轴　关联 = 是

指定阵列的中心点或[基点（B）/旋转轴（A）]：

选择夹点以编辑阵列或[关联（AS）/基点（B）/项目（I）/项目间角度（A）/填充角度（F）/行（R）/层（L）/旋转项目（ROT）/退出（X）]＜退出＞：

环形阵列操作及"阵列"上下文功能区如图 3-35 所示。

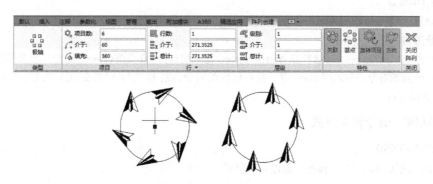

图 3-35　环形阵列操作及"阵列"上下文功能区

环形阵列功能区各选项或参数含义如下。

- 项目间角度（A）：指定项目之间的角度。
- 填充角度（F）：指定阵列中第一个
  和最后一个项目之间的角度。
- 旋转项目（ROT）：控制在排列项目
  时是否旋转项目。

3. "阵列"对话框

经典 AutoCAD 设计中常使用对话框进
行阵列操作，当前版本仍保留这个功能。当
在命令窗口中输入 ARRAYCLASSIC 并按
〈Enter〉键后，会弹出"阵列"对话框，如
图 3-36 所示。

利用该对话框可以完成矩形阵列和环形
阵列的设置。

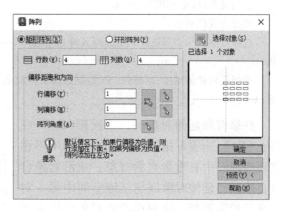

图 3-36　"阵列"对话框

3.8　修改对象的形状

3.8.1　修剪和延伸对象

微课 3-15　修
剪和延伸对象

修剪对象是指使对象精确地终止于由其他对象定义的边界；延伸对象是指使对象精确地
延伸至由其他对象定义的边界边。

修剪和延伸虽然是两个不同的命令，但在操作中按住〈Shift〉键可以相互切换。

1. "修剪"命令输入方式

命令行：TRIM

选项卡："默认"选项卡→"修改"面板→"修剪" 修剪

命令别名：TR

2. "修剪"命令操作步骤

命令：TRIM ↵
当前设置：投影=UCS,边=无
选择修剪边…
选择对象或 <全部选择>：(选择修剪边按〈Enter〉键确定选择,直接按〈Enter〉键全部对象都是修剪边)
选择要修剪的对象,或按住〈Shift〉键选择要延伸的对象,或[栏选(F)/窗交(C)/投影(P)/边(E)/删除(R)/放弃(U)]：

3. "延伸"命令输入方式

命令行：EXTEND
选项卡："默认"选项卡→"修改"面板→"延伸" -/ 延伸
命令别名：EX

4. "延伸"命令操作步骤

命令：EXTEND ↵
当前设置：投影=UCS,边=无
选择边界的边…
选择对象或 <全部选择>：(选择延伸边界按〈Enter〉键确定,直接按〈Enter〉键全部对象都是延伸边界)↵
选择要延伸的对象,或按住〈Shift〉键选择要修剪的对象,或[栏选(F)/交叉(C)/投影(P)/边(E)/放弃(U)]：

在修剪和延伸对象时，"投影(P)"或"边（E）"选项可用于修剪三维空间中不相交而在视图中有重影点的对象；或沿对象自身自然路径延伸对象以与三维空间中另一对象或其投影相交。修剪和延伸对象的效果如图 3-37 所示。

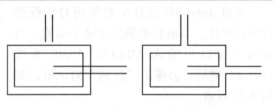

图 3-37 修剪和延伸对象的效果

3.8.2 打断与合并对象

打断对象是指将对象分成两个部分；合并对象是指将符合一定条件的多个对象合并为一个对象，如位于同一直线上的两条线段。

微课 3-16 打断与合并对象

1. "打断"命令输入方式

命令行：BREAK
选项卡："默认"选项卡→"修改"面板→"打断" ▭
命令别名：BR

2. "打断"命令操作步骤

命令：BREAK ↵
选择对象：(在对象上单击,选择对象,并指定第一点)
指定第二个打断点,或[第一点(F)]：↵

执行"打断"命令后，物体分为两部分，并且在第一点与第二点之间的部分被删除。

如果在"指定第二个打断点,或［第一点（F）］"提示下,输入 F,则重新指定第一个打断点,再指定第二个打断点。

如果在指定打断的第二点时输入"@",则第一点与第二点重合,物体从断点处一分为二。"打断于点"命令按钮▭可以完成这一功能。

打断对象的效果如图 3-38 所示。

3. "合并"命令输入方式

命令行：JOIN

工具面板："默认"选项卡→"修改"面板→"合并"　⊶

命令别名：J

4. "合并"命令操作步骤

合并对象的命令根据合并对象类型的不同,操作和提示也不同,下面是合并两段弧的操作。

命令：JOIN ↵

选择源对象:(选择一段弧)

选择圆弧,以合并到源或进行［闭合(L)］:(选择与源对象合并的弧)

已将 1 个圆弧合并到源

如果选择一段弧,在"选择圆弧,以合并到源或进行［闭合(L)］"提示下输入 L,则弧封闭成一个圆。

合并对象的效果如图 3-39 所示。图中使用了两次"合并"命令:第一次合并了两段圆弧,第二次合并了圆弧和三段直线。

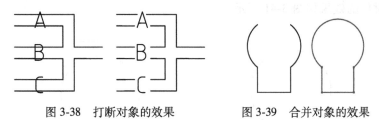

图 3-38　打断对象的效果　　　　图 3-39　合并对象的效果

3.8.3 拉伸和拉长对象

拉伸是指以窗交或圈交方法选择对象的一部分后,移动选区内对象的顶点,使对象变形。拉长对象是指沿对象自身自然路径来修改长度或者圆弧的包角。

1. "拉伸"命令输入方式

命令行：STRETCH

选项板："默认"选项卡→"修改"面板→"拉伸"　▱

命令别名：S

2. "拉伸"命令操作步骤

命令：STRETCH ↵

以交叉窗口或交叉多边形选择要拉伸的对象…

选择对象:(从右到左移动鼠标以窗交方式或以交叉多边形方式选择对象)

选择对象:(继续选择或按〈Enter〉键确定选择)↵

指定基点或［位移（D）］<位移>:（指定基点或位移）
指定第二个点或 <使用第一个点作为位移>:（指定位移的第二个点或 <用第一个点作为位移>）

拉伸对象的效果如图 3-40 所示。

3. "拉长" 命令输入方式

命令行：LENGTHEN

选项卡："默认" 选项卡→"修改" 面板→"拉长"

命令别名：LEN

4. "拉长" 命令操作步骤

命令：LENGTHEN ↵
选择对象或［增量（DE）/百分数（P）/全部（T）/动态（DY）］:（选择拉长的对象或拉长方式）↵
当前长度
选择对象或［增量（DE）/百分数（P）/全部（T）/动态（DY）］:DY（指定拉长的方式为动态）↵
选择要修改的对象或［放弃（U）］:（选择要修改的对象或按〈Enter〉键放弃）↵
指定新端点:（指定对象的新端点,拉长或缩短对象）

拉长的方式如下。

● 增量（DE）：以指定的增量来修改对象的长度或弧的角度。

● 百分数（P）：指定对象总长度或圆弧总包角的百分数来设置对象长度或圆弧角度。

● 全部（T）：指定总长度或总角度的绝对值来设置选定对象的长度或圆弧的包含角。

● 动态（DY）：通过动态拖动对象的一个端点来改变其长度。

动态拉长对象的效果如图 3-41 所示。

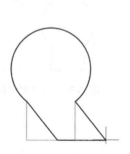 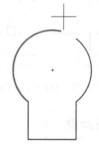

图 3-40　拉伸对象的效果　　　图 3-41　动态拉长对象的效果

3.8.4 分解对象

分解对象是指将多段线、标注、图案填充、块或三维实体等有关联性的合成对象分解为单个元素，又称为"炸开对象"。

1. 命令输入方式

命令行：EXPLODE

选项卡："默认" 选项卡→"修改" 面板→"分解"

命令别名：X

2. 操作步骤

在使用"分解"命令时要注意以下几点。

1）对于多段线，分解后的对象忽略所有相关线宽或切线信息、沿多段线中心放置所得的直线和圆弧元素。

2）对于三维实体，将平面表面分解成面域，将非平面表面分解成体。

3）对于尺寸标注，将分解成直线、样条曲线、箭头、多行文字或公差对象等。

4）对于多行文字，分解成单行文字对象。

5）对于面域，分解成直线、圆弧或样条曲线。

6）外部参照插入的块以及外部参照依赖的块不能分解。

3.8.5 圆角、倒角和光顺曲线

圆角是指通过一个指定半径的圆弧来光滑地连接两个对象；倒角与圆角相似，是指通过一个指定的直线连接两条非平行线；光顺曲线是指通过在端点之间创建相切或平滑的样条曲线来连接两条开放曲线。

1. "圆角"命令输入方式

命令行：FILLET

选项卡："默认"选项卡→"修改"面板→"圆角" 🔲 圆角 ▾

命令别名：F

2. "圆角"命令操作步骤

"圆角"命令中各选项或参数含义如下。

● 多段线（P）：为多段线的每两条线段相交的顶点处倒圆角。

● 半径（R）：更改圆角半径

● 修剪（T）：倒圆角后是否修剪去选定对象圆角外的部分。有"修剪"和"不修剪"两种模式。

● 多个（M）：一次命令给多个对象倒圆角。

在使用"圆角"命令时要注意以下几点。

1）对于不平行的两个对象，当有一个对象长度小于圆角半径时，可能无法倒圆角。

2）可以为平行直线倒圆角（以平行线间距离为圆角直径）。

3）注意在选择对象时鼠标单击的位置。

4）"圆角"命令可用于实体等三维对象。

5）按住〈Shift〉键的同时选择第二个对象，圆角半径为零，即两对象相交并形成尖角。

3. "倒角"命令输入方式

命令行：CHAMFER

选项卡："默认"选项卡→"修改"面板→"倒角" ⬛倒角 ▾

命令别名：CHA

4. "倒角"命令操作步骤

命令:CHAMFER ↵

("修剪"模式) 当前倒角距离 1 = 0.0000,距离 2 = 0.0000)

选择第一条直线或[放弃(U)/多段线(P)/距离(D)/角度(A)/修剪(T)/方式(E)/多个(M)]:D ↵ [选择第一条直线或输入选项,一般输入 D,以指定倒角的大小(距离)]

指定第一个倒角距离<0.0000>:(指定第一个倒角距离)↵

指定第二个倒角距离:(指定第二个倒角距离或按〈Enter〉键确认)↵

选择第一条直线或[放弃(U)/多段线(P)/距离(D)/角度(A)/修剪(T)/方式(E)/多个(M)]:(选择第一条直线)

选择第二条直线,或按住〈Shift〉键选择要应用角点的直线:(选择第二条直线)

"倒角"命令中各选项含义如下。

● 多段线（P）：在整个多段线的每两条线段相交的顶点处倒角。

● 距离（D）：更改倒角大小。

● 角度（A）：用第一条线的倒角距离和第一条线的角度设置倒角距离。

● 修剪（T）：倒角后是否修剪去选定对象倒角外的部分。

● 方式（E）：控制确定倒角大小是使用距离还是角度方法。

● 多个（M）：一次命令给多个对象倒角。

● 按住〈Shift〉键的同时选择第二个对象，倒角
距离为零，与"圆角"命令类似。

圆角和倒角的效果如图 3-42 所示。

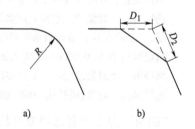

a)   b)

图 3-42 圆角和倒角的效果

a) 圆角 b) 倒角

5. "光顺曲线"命令输入方式

命令行：BLEND

选项卡："默认"选项卡→"修改"面板→"光
顺曲线" 〰光顺曲线 ▾

6. "光顺曲线"命令操作步骤

命令:BLEND ↵

连续性 = 相切

选择第一个对象或[连续性(CON)]:

选择第二个点:

连续性是指设定连接曲线的过渡类型，分为"相切"和"平滑"两种模式。选择"相

切"则创建一条三阶样条曲线，在选定对象的端点处具有相切连续性；选择"平滑"则创建一条五阶样条曲线，在选定对象的端点处具有曲率连续性。

3.9 特殊对象的编辑

对于特殊对象，如填充、样条曲线、属性等，AutoCAD 提供了相应的工具。这些修改工具位于"常用"选项卡"修改"面板的扩展工具中，在 AutoCAD 经典工作空间中，可以从"修改"菜单下"对象"选项中找到，也可以在"修改 II"工具栏中找到。

在特殊对象中，对外部参照、图像、文字等的编辑方法比较简单，对填充等对象的编辑与其创建方法相似，在此不作介绍。本节重点介绍多段线、样条曲线、多线的编辑方法。

3.9.1 编辑多段线

1. 命令输入方式

命令行：PEDIT

选项卡："默认"选项卡→"修改"面板→"编辑多段线" ✎

命令别名：PE

2. 操作步骤

命令：PEDIT ↵
选择多段线或[多条(M)]：(选择要编辑的多段线)↵
选定的对象不是多段线(选定的对象不是多段线时的提示)
是否将其转换为多段线？ <Y>：(如果选择的对象不是多段线，会有以上两行提示，询问是否将对象转换为多段线，直接按〈Enter〉键为转换，输入 N 按〈Enter〉键不转换)↵
输入选项[闭合(C)/合并(J)/宽度(W)/编辑顶点(E)/拟合(F)/样条曲线(S)/非曲线化(D)/线型生成(L)/反转(R)/放弃(U)]：(输入要操作的选项)↵
在编辑多段线的命令下，输入一个选项并进行该选项的操作后，AutoCAD 再次提示：
输入选项[闭合(C)/合并(J)/宽度(W)/编辑顶点(E)/拟合(F)/样条曲线(S)/非曲线化(D)/线型生成(L)/放弃(U)]：

可以进行各种选项操作。要结束多段线编辑命令，在上面提示下按〈Enter〉键即可。
"编辑多段线"命令中各选项的含义如下。

- 闭合（C）：闭合所选择的多段线。

   打开（O）：执行闭合操作后，"闭合"选项变为"打开"选项，用来删除多段线的闭合线段。

- 合并（J）：将端点重合的直线、圆弧或多段线合并为一条多段线。要合并端点不重合的对象，在"选择多段线或[多条(M)]"提示下选择"多条"选项，并设置"模糊距离"以包括端点。

- 宽度（W）：指定整条多段线新的线宽。

- 编辑顶点（E）：编辑多段线的顶点。此命令又有以下选项。

输入顶点编辑选项

［下一个（N）/上一个（P）/打断（B）/插入（I）/移动（M）/重生成（R）/拉直（S）/切向（T）/宽度（W）/退出（X）］<N>:

- 拟合（F）：通过多段线的所有顶点并使用指定的切线方向创建圆弧，拟合多段线成为平滑曲线，效果如图 3-43 所示。
- 样条曲线（S）：使用选定多段线的顶点作为控制点或控制框架拟合 B 样条曲线。若原多段线不是闭合的，所拟合的曲线通过原多段线的第一个和最后一个控制点并被拉向其他控制点，但并不一定通过，效果如图 3-44 所示。

图 3-43　多段线拟合平滑曲线　　　图 3-44　多段线拟合样条曲线

- 非曲线化（D）：删除拟合曲线或样条曲线插入的多余顶点，并拉直多段线的所有线段。
- 线型生成（L）：生成经过多段线顶点的连续线型。
- 反转（R）：反转多段线顶点的顺序。
- 放弃（U）：撤销选项操作，返回到 PEDIT 命令的开始状态。

3.9.2　编辑样条曲线

1. 命令输入方式

命令行：SPLINEDIT

选项卡："默认"选项卡→"修改"面板→"编辑样条曲线"

命令别名：SPE

2. 操作步骤

命令：SPLINEDIT↵

选择样条曲线：

输入选项［闭合(C)/合并(J)/拟合数据(F)/编辑顶点(E)/转换为多段线(P)/反转(R)/放弃(U)/退出(X)］<退出>:(输入要对样条曲线进行编辑的选项按〈Enter〉键，或直接按〈Enter〉键退出命令)↵

"编辑样条曲线"命令的选项含义如下。

- 闭合（C）：使开放的样条曲线闭合，并使曲线在端点处切向平滑。如果选定的样条曲线已经是闭合的，将出现"打开"选项而不是"闭合"选项。
- 合并（J）：将选定的样条曲线与其他样条曲线、直线、多段线和圆弧在重合端点处合并，以形成一个较大的样条曲线。
- 拟合数据（F）：在"编辑样条曲线"命令提示下输入 F，AutoCAD 提示如下：

输入拟合数据选项：

拟合数据各选项解释如下。

① 添加（A）：指定一个控制点，则该点与其下一控制点高亮显示，在两控制点间为样条曲线增加拟合点，添加拟合点的效果如图 3-45 所示。

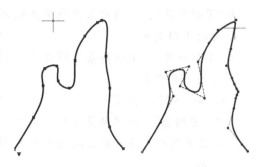

图 3-45　添加拟合点的效果

② 闭合（C）：使开放的样条曲线闭合，并使曲线在端点处切向平滑。如果选定的样条曲线已经是闭合的，将出现"打开"选项而不是"闭合"选项。

③ 删除（D）：删除选择的拟合点，样条曲线将用其余点重新拟合。

④ 扭折（R）：在样条曲线上的指定位置添加节点和拟合点，不保持在该点的相切或曲率连续性。

⑤ 移动（M）：移动拟合点。

⑥ 清理（P）：从图形数据库中清除样条曲线的拟合数据，清理过的样条曲线编辑时不再包括"拟合数据"选项。

⑦ 相切（T）：编辑样条曲线的起点和端点切向。

⑧ 公差（L）：使用新的公差值将样条曲线重新拟合至现有点。

⑨ 退出（X）：退出"拟合数据"选项，回到主提示。

● 编辑顶点（E）：可以对控制点进行添加、删除、移动和提高阶数等操作。

● 转换为多段线（P）：将样条曲线转换为多段线。

● 反转（R）：反转样条曲线的方向，首尾倒置。

● 放弃（U）：取消上一个编辑操作。

● 退出（X）：退出编辑样条曲线命令。

3.9.3　编辑多线

"编辑多线"命令通过添加或删除顶点，控制角点接头样式来编辑多线。

1. 命令输入方式

命令行：MLEDIT

2. 操作步骤

命令：MLEDIT ↓

打开"多线编辑工具"对话框，如图 3-46 所示。选择其中一种工具，确定，就可以选择多线对其进行相应的编辑了。"多线编辑工具"对话框中的工具如下。

（1）第一列自上而下

●"十字闭合"：编辑两条多线交点处为闭合的十字交点。

●"十字打开"：编辑两条多线交点处为打开的十字交点。

●"十字合并"：编辑两条多线交点处为合并的十字交点。

（2）第二列自上而下

●"T形闭合"：编辑两条多线交点处为闭合的 T 形交点。

- "T 形打开"：编辑两条多线交点处为打开的 T 形交点。
- "T 形合并"：编辑两条多线交点处为合并的 T 形交点。

（3）第三列自上而下

- "角点结合"：编辑两条多线交点处以角点方式结合，角点结合的效果如图 3-47 所示。
- "添加顶点"：为多线添加一个顶点。
- "删除顶点"：删除多线的一个顶点。

（4）第四列自上而下

- "单个剪切"：剪切多线上选定的单个元素。
- "全部剪切"：剪切多线上的全部元素，将多线分为两部分。
- "全部接合"：重新接合被剪切过的多线线段。

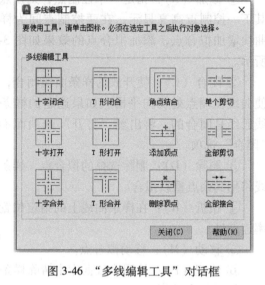

图 3-46 "多线编辑工具"对话框

利用"编辑多线"命令绘图的一个例子如图 3-48 所示。

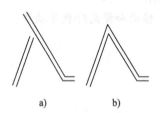

a)　　　　b)

图 3-47 多线角点结合的效果

a）结合前 b）结合后

图 3-48 "编辑多线"命令示例

3.10 修改系统变量

以修改系统变量 PICKADD 为例。

1. 方法一：直接输入系统变量名称

命令：PICKADD
输入 PICKADD 的新值 <1>：0（设置 PICKADD 新值为 0）

这时选定对象将替换当前的选择集。

2. 方法二

命令输入方式

命令行：SETVAR

命令别名：SET

操作步骤：

命令：SETVAR ? ↵
输入变量名或［?］<PICKADD>↵（输入要设置的系统变量名）
输入 PICKADD 的新值 <0>:1 ↵

如果对系统变量不熟悉，可以在"输入变量名或［?］"提示下输入"?"后按〈Enter〉键，输入变量的名称，可以查询系统变量和它们的当前值，如图 3-49 所示。

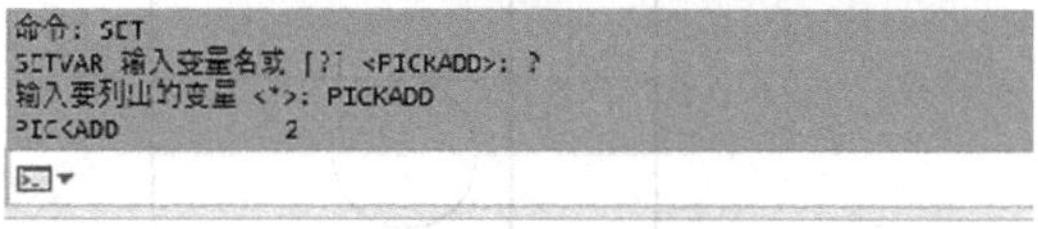

```
命令: SET
SETVAR 输入变量名或 [?] <PICKADD>: ?
输入要列出的变量 <*>: PICKADD
PICKADD        2
```

图 3-49　查询系统变量

3.11　图形编辑实例

练习各种编辑命令，并利用"分解""偏移""修剪""圆角""倒角"和"特性"等编辑命令，把图 3-50a 所示图形，编辑成图 3-50b 所示图形（不标注尺寸）。

微课 3-17　图形编辑实例

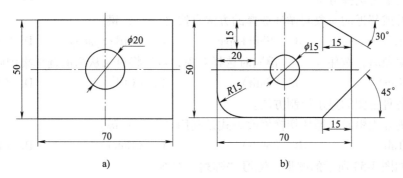

图 3-50　图形编辑的练习
a）原始图形　b）编辑后的图形

1）选择"修改"面板中的"分解" 命令，选择图中的矩形，单击后将矩形分解为四条直线。

2）选择"修改"面板中的"偏移" 命令，在命令行输入偏移距离"20"，然后单击图中最左边的直线，选择直线右侧区域单击，偏移第一条线。

3）再次选择"修改"面板中的"偏移"命令，在命令行输入偏移距离"15"，然后单击图中最上边的直线，选择直线下侧区域单击，偏移第二条线，获得如图 3-51 所示的图形。

4）选择"修改"面板中的"修剪" 命令，选取标准模式，选择刚偏移出的两条直线为边界，按〈Enter〉键确定后，分别单击四个去除部分，得到如图 3-52 所示的图形。

5）选择"修改"面板中的"圆角" 命令。首先在命令行输入 R，按〈Enter〉键确定后输入半径值"15"，再次按〈Enter〉键后单击左下两条直线，完成 R15 的圆角。

6）选择"修改"面板中的"倒角" 命令。首先在命令行输入 A，按〈Enter〉键后根据提示输入倒角第一条边的长度"15"，再次按〈Enter〉键后输入第一条边的角度"45"，按〈Enter〉键后依次选择下边和右边两条直线。

7）选择"修改"面板中的"倒角"命令。首先在命令行输入 A，按〈Enter〉键后根据提示输入倒角第一条边的长度 "15"，再次按〈Enter〉键后输入第一条边的角度 "-30"，按〈Enter〉键后依次选择上方和右方两条直线，完成实例。

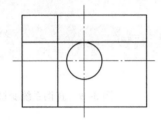

图 3-51　偏移图线

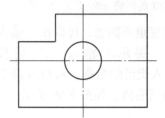

图 3-52　修剪图线

3.12　习题

1. 熟悉对象的选择方法。

2. 在重叠或邻近的对象间循环选择的方法是按（　　）键。

    A.〈Tab+Space〉　　　　B.〈Shift+Space〉　　　　C.〈Ctrl+Space〉　　　　D.〈Alt+Space〉

3. 选择对象时，按住（　　）键同时选择对象，可以将对象从当前选择集中删除。

    A.〈Tab〉　　　　　　　B.〈Shift〉　　　　　　　C.〈Ctrl〉　　　　　　　D.〈Alt〉

4. 熟悉各种视图的显示控制方法。

5. 利用夹点编辑时，循环切换修改方式是利用（　　）键。

    A.〈Tab〉　　　　　　　B.〈Shift〉　　　　　　　C.〈Enter〉　　　　　　D.〈Esc〉

6. 绘制如图 3-53 所示的图形，练习 "阵列" 命令。

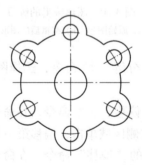

图 3-53　"阵列" 命令练习

第4章　图　　层

本章主要内容：
- 建立新图层
- 设置图层的颜色、线型、线宽
- 管理图层
- 对象特性修改
- 图层特性的替代

图层是用户在绘图时用来组织图形的工具。绘图时首先要对图层进行设置，如建立新图层、设置当前层、设置图层的颜色和线型，以及图层是否关闭、是否冻结、是否锁定等；也可以对图层进行更多的设置和管理，如图层的切换、重命名、删除以及图层的显示控制等。

4.1　图层的概念与特性

4.1.1　图层的概念

　　任何图形对象，都具有颜色、线型、线宽等一些非几何数据。为了节省时间和存储空间，AutoCAD 将一张图上具有相同线型、线宽、颜色的对象设置在同一个图层上，由此提出了图层的概念。图层相当于用图纸绘图时使用的重叠图纸，可以把它们想象成透明的没有厚度的薄片，各图层都具有相同的坐标系、图形界限和显示缩放倍数。通过使用图层可以实现按功能组织信息，执行线型、线宽、颜色和其他标准。通过创建图层，可以将类型相似的对象指定给同一个图层，使其相关联，如图 4-1 所示图层样例，可以将剖面线、轮廓线、点画线分别置于不同的图层上，然后进行以下控制。

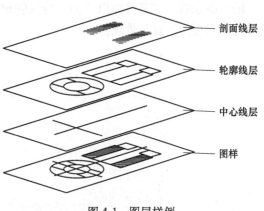

图 4-1　图层样例

1）图上的对象是否在任何视口中都可见。

2）是否打印对象以及如何打印对象。

3）为图层上的所有对象指定何种颜色。

4）为图层上的所有对象指定何种默认线型和线宽。

5）图层上的对象是否可以修改。

4.1.2 图层的特性

AutoCAD 中的图层具有以下特性。

1）每个图层都有名字。开始绘制新图形时，AutoCAD 将自动创建一个名为"0"的默认图层，其他的图层名要由用户自己来定义。图层名可由字母、数字以及汉字等组成。

2）每一幅图形中建立的图层数量没有限制。

3）通常情况下，同一图层上的对象只能是一种线型、一个线宽、一种颜色，但用户可以使用图层命令来改变各图层的线型、颜色和线宽。

4）用户只能在当前图层上进行绘图操作，但可以通过使用图层操作命令来改变当前图层。

5）用户可以对图层的状态进行操作，例如，对各图层进行打开或关闭、冻结或解冻、锁定或解锁等，详见本章第 2 节。

4.2 图层设置与管理

1. 命令输入方式

命令行：LAYER

选项卡："默认"选项卡→"图层"面板→"图层特性"

命令别名：LA

2. 操作步骤

输入命令后，屏幕将弹出"图层特性管理器"对话框，如图 4-2 所示，通过该对话框可以实现对图层的设置与管理。

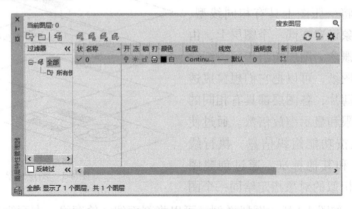

图 4-2 "图层特性管理器"对话框

4.2.1 设置图层

1. 新建图层

单击"图层特性管理器"对话框中的"新建"按钮或输入快捷键〈Alt+N〉，可以建立一个名为"图层 1"的新图层，同时"图层 1"会在对话框中的图层列表的"名称"列中显示出来。用户也可以根据需要更改图层的名字，单击"图层 1"，在文本框中输入新的图层名即可。默认情况下，新建图层与当前图层的状态、颜色、线型及线宽等设置相同。

📖 注意：根据国家标准《CAD 工程制图规则》（GB/T 18229—2000），CAD 工程图的图层
建立要符合 CAD 工程图的管理要求，图线的颜色及其对应的图层见表 4-1。

表 4-1   图线的颜色及其对应的图层

图线类型	粗实线	细实线	波浪线	双折线	粗虚线	细虚线	细点画线	粗点画线	双点画线
颜色	白色	绿色			黄色		红色	棕色	粉红色
图层	01	02			03	04	05	06	07

2. 颜色设置

在"图层特性管理器"对话框的图层列表中单击"颜色"列的"白色"，屏幕将弹出"选择颜色"对话框，如图 4-3 所示。

在"选择颜色"对话框中，可以使用"索引颜色""真彩色"和"配色系统"选项卡来选择颜色。对于对话框中的选项卡有以下几点说明。

1）"索引颜色"选项卡中的颜色是 AutoCAD 中使用的标准颜色。每一种颜色用一个 ACI 编号（1~255 的整数）标识，由三个调色板组成。最大的调色板显示编号 10~249 的颜色；第二个调色板显示编号 1~9 的颜色；第三个调色板显示编号 250~255 的颜色。例如：1 红色，2 黄色，3 绿色，4 青色，5 蓝色，6 洋红色等。

当鼠标在调色板某一颜色上悬浮时，该颜色的编号以及组成它的红、绿、蓝的 RGB 值就会显示在调色板的下面。直接单击某一颜色或在文本框中输入该颜色号，即表示指定了某一种颜色，此时在某图层上绘制的对象均为该颜色。根据国家标准《CAD 工程制图规则》（GB/T 18229—2000）中的要求，图线一般应按表 4-1 中提供的颜色设置。

2）"真彩色"选项卡中的颜色使用 24 位颜色定义显示 16M 种颜色。指定真彩色时，可以使用 HSL 或 RGB 颜色模式。如果使用 HSL 颜色模式，则可以指定颜色的"色调"（U）、"饱和度"（S）和"亮度"（L）要素，如图 4-4 所示；如果使用 RGB 颜色模式，则可以指定颜色的红、绿、蓝组合，如图 4-5 所示。

图 4-3   "选择颜色"对话框

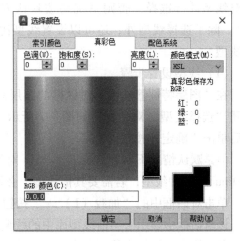

图 4-4   HSL 颜色模式

3）"配色系统"选项卡如图4-6所示，包括几个标准 Pantone 配色系统，也可以输入其他配色系统，如 DIC 颜色指南或 RAL 颜色集。输入用户定义的配色系统可以进一步扩充可供使用的颜色选择。

图 4-5 RGB 颜色模式

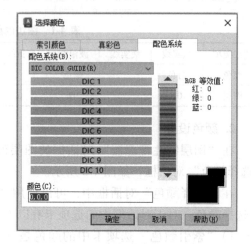

图 4-6 "配色系统"选项卡

4）ByLayer（L）按钮：单击此按钮颜色为"随层"方式，即所绘对象的颜色总是与所在图层的颜色一致，这是最常用的方式。

5）ByBlock（K）按钮：单击此按钮颜色为"随块"方式。在作图时图形的颜色为白色，此时如果将绘制的图形创建为图块，块成员的颜色将随着块的插入而变得与插入时当前层的颜色相一致，但前提是插入时颜色应设为"随层"方式。

📖 注意："随层"和"随块"两个选项不能应用于"光源"命令中。

3. 线型设置

线型是指作为图形基本元素的线条的组成和显示方式。在绘图过程中会用到各种不同的线型，每种线型在图形中所代表的含义也各不相同。在所有新建立的图层上，用户都要对线型进行选择，否则系统均按默认方式将这些图层的线型定义为 Continuous（实线型）。除了选择线型外，还可以设置线型比例以控制横线和空格的大小，也可以创建自定义线型。

（1）线型设置步骤

在"图层特性管理器"对话框的图层列表中单击"线型"列的 Continuous（实线型），打开"选择线型"对话框，如图4-7所示。在"已加载的线型"列表中选择所需的线型，然后单击"确定"按钮即可。

但是默认情况下，在"选择线型"对话框的"已加载的线型"列表框中，通常只有 Continuous 一种线型，若需要其他线型，必须对线型进行加载，将所需的线型添加到列表框中。单击对话框中的"加载（L）..."按钮，打开"加载或重载线型"对话框，如图4-8所示。该对话框中显示了当前线型库中的线型，用户可以从这些线型中进行选择并加载。直接单击所需线型，被选中线型高亮显示，单击"确定"按钮即可。

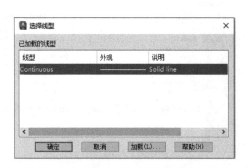

图 4-7 "选择线型"对话框

图 4-8 "加载或重载线型"对话框

AutoCAD 2024 中的线型包含在线型库定义文件 acad. lin 和 acadiso. lin 中。其中,用户可以单击"加载或重载线型"对话框中的"文件(F)..."按钮,打开"选择线型文件"对话框,如图 4-9 所示,来选择合适的库文件。

(2)线型定制

在 AutoCAD 2024 的线型库文件 acad. lin 和 acadiso. lin 中提供了标准线型库。用户可以直接使用已有的线型,也可以对它们进行修改或自定义线型。

1)定义格式。系统规定每个线型包括一个标题行和一个定义行,其格式如下。

*线型名,[说明]	(标题行)
A,DASH-1,DASH-2,…,DASH-n	(定义行)

其中,"*"是标题行的标记,不可省略。它的后面紧跟着线型名,线型名由字母、数字、字符任意组成,但线型名称不能包含空格,长度也不能超过 47 个字符。线型说明部分用文字说明,也可用"·"和"-"来说明,说明部分可以省略。

字母 A 是线型的排列码,表示排列方式为两端对齐方式。使用该方式,可以保证直线和圆弧的端点处为实线段,目前只有这一种码值。

"DASH-1,DASH-2,…,DASH-n"用来描述线型的具体形式。DASH-i 为正值,表示要画出长度为该值的线段;DASH-i 为负值,表示为空白段,空白段的长度为 DASH-i 的值;DASH-i 为 0,则表示要画一个点。

2)操作步骤。

命令:-LINETYPE ↵
输入选项[?/创建(C)/加载(L)/设置(S)]:C↵
输入要创建的线型名:

输入线型名并按〈Enter〉键后,屏幕弹出如图 4-10 所示的"创建或附加线型文件"对话框,要求用户选取或建立存放线型的文件。如果选择现有文件,则新的线型名将被添加到文件的线型名称中。

确定了文件名后,系统继续提示:

说明文字:(输入用于说明新线型的文字)↵
输入线型图案(下一行):
A,

图 4-9 "选择线型文件"对话框　　　　　图 4-10 "创建或附加线型文件"对话框

上面的提示要求用户在"A,"的后面输入新线型的定义,定义规则同 1)。例如,输入"4,-2,0,-2,0,-2,4",然后按〈Enter〉键,表示一种重复图案,以 4 个图形单位长度的画线开头,然后是 2 个图形单位长度的空移、一个点和另一个 2 个图形单位长度的空移、再一个点和另一个 2 个图形单位长度的空移。该图案延续至直线的全长,并以 4 个图形单位长度的画线结束。该线型如图 4-11 所示。系统继续提示:

> 新线型定义已保存到文件
> 输入选项[?/创建(C)/加载(L)/设置(S)]:↵

此时定义的如图 4-11 所示的线型已存入线型文件中,并结束定义过程。

用户自定义的线型既可以放到 AutoCAD 的标准线型文件（acad.lin）中,也可以放到自己建立的专用线型文件（*.lin）中。创建线型时,自定义

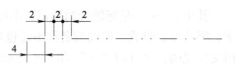

图 4-11　定义的线型

线型不会自动加载到图形中,要使用"选择线型"对话框中的"加载（L)..."按钮。

4. 线宽设置

线宽是指在图层上绘图时所使用的线型的宽度。用户应对线型进行线宽设置,否则,在所有新建立的图层上,系统均按默认方式设置线宽（0.25mm）。

在"图层特性管理器"对话框的图层列表中单击"线宽"列的"默认",打开"线宽"对话框,选择所需的线宽,然后单击"确定"按钮即可,如图 4-12 所示。

4.2.2　管理图层

1. 图层状态设置

用图层绘制图形时,新对象的各种特性由当前图层的默认设置决定,即为随层。要改变对象的特性,使新设置的特

图 4-12　"线宽"对话框

性覆盖原来随层的特性,可以使用"图层特性管理器"对话框来实现。在该对话框中包含以下特性选项。

（1）状态

自 AutoCAD 2008 开始，"图层特性管理器"对话框中的图层列表中新增了"状态"列，显示图层和过滤器的状态。其中，当前图层标识为 ✓ 。

（2）名称

图层的名字默认情况下按 0（默认）、图层 1、图层 2 等编号依次递增，用户可以根据需要更改图层的名字，但不能重命名 0 图层。

（3）开关状态

显示图层打开与否。小灯泡图标颜色是淡黄色 💡 时，表示该图层为打开状态，此时该图层上的图形可以在显示器上显示，也可以在输出设备上打印；若要关闭该图层，可单击小灯泡，使其颜色变为灰色 💡 ，此时该图层上的图形不能显示，也不能打印输出。反过来，若要将关闭的图层打开，同样需要单击小灯泡，其颜色由灰色变为淡黄色。要关闭当前层时，屏幕会弹出如图 4-13 所示的"关闭当前图层"对话框，以选择关闭当前层。

（4）冻结

图层被冻结时，显示雪花图标 ❄ ，表示该图层上的图形不能被显示出来，也不能打印输出，而且不能被编辑或修改；如果图层被解冻，则显示太阳图标 ☀ ，表示该图层上的图形可以被显示出来，也能够打印输出，并且可以在该图层上编辑或修改图层对象。用户不能冻结当前层，也不能将冻结层转换为当前层，否则屏幕会弹出如图 4-14 所示的"无法冻结"对话框，以提出警告。

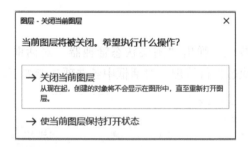

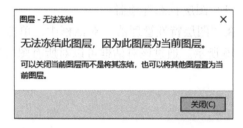

图 4-13　"关闭当前图层"对话框　　　　　　图 4-14　"无法冻结"对话框

（5）锁定

图层被锁定时，显示图标为 🔒 ，锁定状态并不影响该图层上的图形对象的显示，但不能对其进行编辑。用户可以在锁定的图层上作图，也可以使用查询命令和对象捕捉功能。解锁时，图标显示为 🔓 。

（6）打印样式

显示图层的输出样式。需要注意的是，如果使用的是彩色绘图仪，则不能改变打印样式。

（7）打印

显示图层的输出状态，表明该图层是否打印输出。打印时，图标显示为 🖨 ；不打印时，图标显示为 🖨 。值得注意的是，打印功能只对可见的图层起作用，即只对没有冻结和没有关闭的图层起作用。

（8）冻结新视口

在"图层特性管理器"对话框的图层列表"冻结新视口"列中，可以对视口进行冻结或解冻的操作。

（9）说明

在"图层特性管理器"对话框的图层列表"说明"列中，可以为图层或组过滤器添加必要的说明信息。

2. 切换当前层

在"图层特性管理器"对话框的图层列表中，选择某一图层后，单击 按钮，即可将该图层设置为当前层；也可以通过工具栏中的"图层控制"下拉列表框来实现图层切换。

3. 删除图层

在"图层特性管理器"对话框的图层列表中，选择某一图层后，单击 按钮，即可将该图层删除。但 0 图层、当前层、包含对象的图层以及依赖外部参照的图层不能被删除，否则屏幕会弹出如图 4-15 所示的"未删除"对话框，以提出警告。

4. 保存与恢复图层状态

图层设置包括图层状态和图层特性。图层状态包括图层是否打开、冻结、锁定、打印和在新视口中自动冻结；图层特性包括颜色、线型、线宽和打印样式。用户可以选择要保存的图层状态和图层特性，保存图形的当前图层设置，以便于以后恢复此设置。如果在完成图形的不同阶段或打印的过程中需要恢复所有图层的指定设置，保存图形设置可以节省时间。这对于包含大量图层的图形尤其方便。例如，可以选择只保存图形中图层的冻结/解冻设置，忽略所有其他设置。恢复图层状态时，除了每个图层的冻结/解冻设置以外，其他设置保持当前设置。

（1）图层状态管理器

在"图层特性管理器"对话框中，单击 按钮，弹出"图层状态管理器"对话框，如图 4-16 所示。通过该对话框可以对所有图层的状态进行管理。对话框中各选项功能如下。

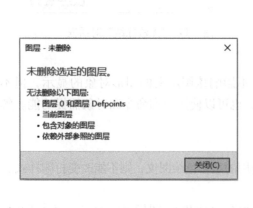

图 4-15 "未删除"对话框

图 4-16 "图层状态管理器"对话框（一）

● "图层状态（E）"列表框：显示当前图层已保存的图层状态名称，以及从外部输入的图层状态名称。

- "新建（N）"按钮：单击该按钮，打开"要保存的新图层状态"对话框，如图 4-17 所示，可以创建新的图层状态。
- "删除（D）"按钮：单击该按钮，可以删除选中的图层状态。
- "输入（M）"按钮：单击该按钮，将打开"输入图层状态"对话框，可以将外部图层状态输入到当前图层中。
- "输出（X）"按钮：单击该按钮，将打开"输出图层状态"对话框，可以将当前已保存的图层状态输出到一个 LAS 文件中。
- ⊙按钮：单击该按钮，在"图形状态管理器"对话框中会出现"要恢复的图层特性"选项组，通过选中相应的复选按钮可以设置图层状态和特性，如图 4-18 所示。单击"全部选择（S）"按钮，可以选中全部复选按钮；单击"全部清除（A）"按钮，可以取消对所有复选按钮的选择。
- "恢复（R）"按钮：单击该按钮，可以将选中的图层状态恢复到当前图形中，且只有保存的图层特性和状态才能够恢复到图层中。

（2）保存图层设置

单击"图层状态管理器"对话框中的"新建"按钮，打开"要保存的新图层状态"对话框，如图 4-17 所示。在"新图层状态名"文本框中输入图层状态的名称，在"说明"文本框中输入相关的图层说明文字，然后单击"确定"按钮，返回"图层状态管理器"对话框，在"要恢复的图层特性"选项组中设置恢复选项，然后单击"关闭"按钮即可，如图 4-18 所示。

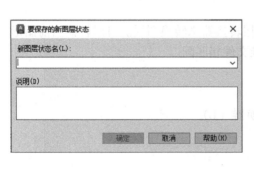

图 4-17 "要保存的新图层状态"对话框

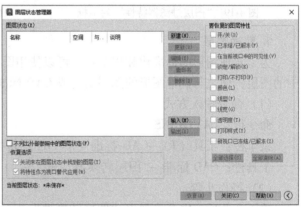

图 4-18 "图层状态管理器"对话框（二）

（3）恢复图层状态

在"图层特性管理器"对话框中，如果改变了图层的显示等状态，还可以恢复以前保存的图层设置。打开"图层状态管理器"对话框后，选择需要恢复的图层状态，单击"恢复"按钮即可。

5. 过滤图层

自 AutoCAD 2008 后，改进后的图层过滤功能简化了在图层方面的操作，可以通过两种方式来过滤图层。

（1）使用"图层过滤器特性"对话框过滤图层

单击"图层特性管理器"对话框中的"新建特性过滤器"（P）（〈Alt+P〉）按钮 🔄，打开"图层过滤器特性"对话框过滤图层，来命名图层过滤器，如图 4-19 所示。

在"图层过滤器特性"对话框的"过滤器名称（N）"文本框中输入过滤器名称，在"过滤器定义"列表框中，设置包括图层名称、状态等的过滤条件，在"过滤器预览"列表框中显示了用户定义的过滤器。

（2）使用"新建组过滤器"命令过滤图层

单击"图层特性管理器"对话框中的"新建组过滤器"（G）（〈Alt+G〉）按钮 📁，就会在该对话框的左侧过滤器树列表中添加一个"组过滤器 1"。在过滤器树中单击"所有使用的图层"节点或其他过滤器，会显示对应的图层信息，然后将需要分组过滤的图层拖动到创建的"组过滤器 1"下即可，如图 4-20 所示。

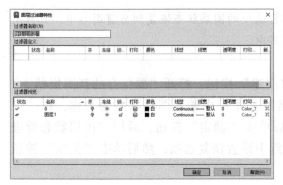

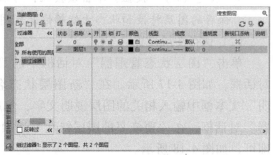

图 4-19 "图层过滤器特性"对话框 　　　　图 4-20 使用"新建组过滤器"命令过滤图层

6. 转换图层

为了实现图形的标准化和规范化，可以使用图层转换器来转换图层。可以转换当前图形中的图层，使之与其他图形的图层结构或 CAD 标准文件相匹配。

（1）命令输入方式

命令行：LAYTRANS

菜单栏：工具（T）→CAD 标准（S）→图层转换器（L）

工具栏：CAD 标准→"图层转换器" 🖳

（2）操作步骤

输入命令后，屏幕将弹出"图层转换器"对话框，如图 4-21 所示，通过该对话框可以实现对图层的转换。对话框中各选项功能如下。

● "转换自（F）"选项组：显示当前图形中即将被转换的图层结构，可以在列表框中选择，也可以通过"选择过滤器（I）"文本框来选择。

● "转换为（O）"选项组：显示可以将当前图形的图层转换成的图层名称。单击"加载（L）…"按钮，打开"选择图形文件"对话框，如图 4-22 所示，可以从中选择作为图层标准的图形文件，同时将该图层结构显示在"转换为（O）"列表框中。单击"新建（N）…"按钮，打开"新图层"对话框，如图 4-23 所示，可以从中创建新图层作为转换匹配图层，新建的图层也会显示在"转换为（O）"列表框中。

图 4-21 "图层转换器"对话框

图 4-22 "选择图形文件"对话框

- "映射（M）"按钮：可以将"转换自（F）"列表框中选中的图层映射到"转换为（O）"列表框中，同时被映射的图层将从"转换自（F）"列表框中删除。
- "映射相同（A）"按钮：将"转换自（F）"列表框中和"转换为（O）"列表框中名称相同的图层进行转换映射。
- "图层转换映射（Y）"选项组：显示已经映射的图层名称和相关的特性值。选中一个图层后，单击"编辑（E）..."按钮，打开"编辑图层"对话框，如图 4-24 所示，用户可以在该对话框中修改转换后的图层特性。单击"取消"按钮，可以取消图层的转换映射，并且该图层将重新显示在"转换自（F）"列表框中。单击"保存（S）"按钮，打开"保存图层映射"对话框，如图 4-25 所示，将图层的转换关系保存到一个标准配置文件 *.dws 中。

图 4-23 "新图层"对话框

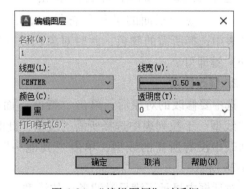

图 4-24 "编辑图层"对话框

- "设置（G）"按钮：单击该按钮，打开"设置"对话框，如图 4-26 所示，可以设置图层的转换规则。
- "转换（T）"按钮：单击该按钮，开始转换图层，同时关闭"图层转换器"对话框。

7. 改变对象所在图层

在绘图过程中，如果绘制完某一图形元素后，发现该元素并没有绘制在预设的图层上，可以选中该图形元素，并在"特性"工具栏的"图层控制"下拉列表框中选择预设的层名，然后按〈Esc〉键就可以改变对象所在的图层。

图 4-25 "保存图层映射"对话框

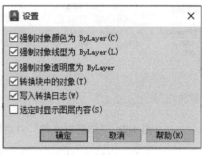

图 4-26 "设置"对话框

4.3 对象特性的修改

对象特性（颜色、线型及线宽）的修改，可以通过"特性"面板来实现，如图 4-27 所示。

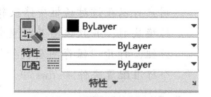

图 4-27 "特性"面板

1. 修改颜色

选中要修改的对象后，单击"特性"面板 ■ ByLayer 后面的黑三角符号 ，在"颜色"下拉列表中选择所需的颜色，此时对象仍以高亮显示，按〈Esc〉键即可。

2. 修改线型

选中要修改的对象后，单击"特性"面板 ———— ByLayer 后面的黑三角符号 ，在"线型"下拉列表中选择所需的线型，此时对象仍以高亮显示，按〈Esc〉键即可。若下拉列表中没有所需的线型，单击"其他…"选项，屏幕弹出"线型管理器"对话框，如图 4-28 所示。

对话框中显示了满足过滤条件的线型，若需要其他线型，可以对线型进行加载，加载的方法和步骤如前文所述，然后再重新对线型进行修改。

利用"线型管理器"对话框除了可以选择其他线型外，还可以通过其他选项对线型进行管理。

● 删除：删除选中的线型。

● 显示细节（D）：单击该按钮，"线型管理器"对话框中会显示"详细信息"选项组，如图 4-29 所示，可以设置线型的"全局比例因子（G）""当前对象缩放比例（O）"等参数。

图 4-28 "线型管理器"对话框

图 4-29 带有"详细信息"的线型管理器对话框

3. 修改线宽

选中要修改的对象后,单击"特性"面板 ▤ ─────ByLayer ▼ 后面的黑三角符号 ▾ ,在"线宽"下拉列表中选择所需的宽度,此时对象仍以高亮显示,按〈Esc〉键即可。

如果要在屏幕上显示线宽,单击屏幕状态栏上的 ▤ 按钮。右键单击 ▤ 按钮,屏幕会弹出一个选项卡,选择其中的"设置(S)"选项,弹出如图 4-30所示的"线宽设置"对话框,通过滑

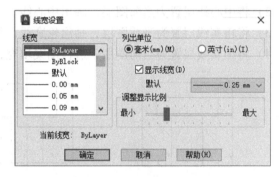

图 4-30 "线宽设置"对话框

动对话框中"调整显示比例"选项中的滑块,可以调整显示线宽。利用"线宽设置"对话框,还可以实现对线宽的更多设置和修改。

4.4 图层对象的替代

自 AutoCAD 2008 后,新增添了图层对象的替代功能。对象可以在图纸空间的各个视口中以不同方式显示,同时保留其在模型空间中的原始图层特性。

布局视口为当前视口时,可以将特性替代指定给一个或多个图层,从而使新设置仅应用于该视口。

4.5 图层使用实例

【例 4-1】 建立"虚线层",要求图层的颜色为黄色,线型为 Dashed,线宽为 0.20mm。

微课 4-1 建立"虚线层"

1)单击功能区"图层"面板中的"图层特性"按钮 ❄,打开"图层特性管理器"对

话框。

2）单击"新建图层"按钮 ▱，新建图层，修改图层名称为"虚线层"。

3）单击颜色 ▪白，打开"选择颜色"对话框，在"索引颜色"选项卡中选择"黄色"，单击"确定"按钮，如图4-31所示。

4）单击线型 Continu...，打开"选择线型"对话框，选择DASHED，单击"确定"按钮。

5）单击线宽 —— 默认，打开"线宽"对话框，选择"0.20mm"，单击"确定"按钮。

【例 4-2】 使用图层绘制如图 4-32 所示的图形。

1）按照例4-1中的方法和标准设置中心线层、粗实线层和细实线层三个图层。

2）将中心线层置为当前图层，画出中心线。

3）将粗实线层置为当前图层，画出轮廓线，如图4-33所示。

4）将细实线层置为当前图层，进行图案填充，完成全图，如图4-34所示。

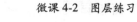

图 4-31　图层颜色设置

微课 4-2　图层练习

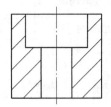　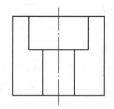　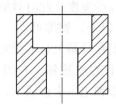

图 4-32　图层练习　　图 4-33　绘制中心线和轮廓线　　图 4-34　图案填充

4.6　习题

1. 定制如图 4-35 所示的名为 Dashedtt 的线型，并把它放在线型文件 acad. lin 中。
2. 使用图层绘制如图 4-36 所示的图形。

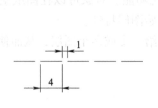　　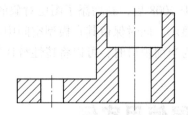

图 4-35　Dashedtt 线型　　　　图 4-36　图层练习

第 5 章 绘 图 技 巧

本章主要内容：
- 对象捕捉模式
- 对象追踪模式
- 栅格模式
- 查询命令
- 计算方法
- 几何约束

如果仅用绘图和编辑命令来绘制比较复杂的图形，是比较困难的。因为在实际绘图中，图形对象的给定条件经常是这样的："过点 A 作圆 C 的切线"或"用半径为 R 的圆弧光滑连接圆 A、圆 B"。因为在前几章中，涉及精确取点时只能用坐标输入的方法，在绘制较复杂的图形时必须进行枯燥的计算，如计算切点、垂足等。实际上，AutoCAD 提供了许多工具，可以使图形绘制快速、精确而无需进行计算。

本章绘图技巧将介绍更精确、更快捷、更方便的绘制图形的方法。

5.1 命令与输入技巧

5.1.1 鼠标操作

在绘图时，鼠标各键功能如图 5-1 所示。

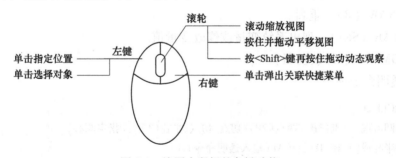

图 5-1 绘图中鼠标的各键功能

在不同命令环境下，右键单击鼠标会弹出不同的关联快捷菜单。

5.1.2 确定和重复命令

在执行命令过程中，用得最多的是按〈Enter〉键来确认命令的输入，AutoCAD 中一般使用〈Enter〉或〈Space〉键，或单击鼠标右键。在此要注意，在提示输入文本时空格键没有确认命令输入的功能。

如果在一项命令或操作结束后，再次按〈Enter〉或〈Space〉键，或单击鼠标右键，可重复刚使用过的命令，以重复创建某类对象或连续进行某个操作。

如果仅记住一个命令的开头部分，而忘记了命令全名，可以在命令行中输入该命令的开头部分，命令窗口会出现所有可能命令的提示，可以通过单击或使用方向键〈↑〉或〈↓〉来查找所需命令，然后用〈Enter〉键或〈Space〉键确认选择；也可以在输入命令的开头部分后，用〈Tab〉键来查找所需的命令，然后确认选择。

如果要使用前几步使用过的命令，也可以在命令窗口中使用方向键〈↑〉或〈↓〉来查找该命令。

当不知道如何访问一个命令时，可以单击"应用程序"按钮 ，在搜索命令栏中输入命令，然后在搜索结果中选择需要的命令，再单击启动该命令。

5.1.3 透明命令

透明命令是指在一个命令执行过程中输入的另一些命令，该命令可以使原命令暂时中断，等到完成透明命令的操作后，再恢复原命令之后的操作。

透明命令经常用来在命令执行中更改图形设置或显示，输入格式为：命令名的前面加一个单引号"'"。透明命令有许多，经常使用的透明命令如下。

1）CAL：几何图形计算器。

2）COLOR（COL）：打开"选择颜色"对话框。

3）FILL：填充。

4）HELP（可以用"?"代替）：帮助。

5）LINETYPE（LT）：打开"线型管理器"对话框。

6）LAYER（LA）：打开"图层特性管理器"对话框。

7）PAN（P）：平移视图。

8）REDRAW（R）：重画。

9）SETVAR（SET）：列出系统变量或修改变量值。

10）ZOOM（Z）：缩放视图。

下面是透明命令举例。

```
命令:CIRCLE↵
指定圆的圆心或[三点(3P)/两点(2P)/切点、切点、半径(T)]:(指定圆心)
指定圆的半径或[直径(D)]:'CAL(输入透明命令)↵
>>>>表达式(Expression):20 * PI(输入要计算的表达式)↵
正在恢复执行 CIRCLE 命令。
指定圆的半径或[直径(D)]:62.8318531(显示计算结果并直接指定计算结果为圆的半径)
```

允许透明使用的命令，如果该命令有快捷键或命令按钮，可以在操作中用快捷键或命令按钮直接使用。例如，在绘制图形命令中可以使用"缩放"命令 实时缩放视图，在按〈Esc〉或〈Enter〉键，或单击右键在快捷菜单中选择"退出实时缩放"后，即恢复原先的绘图命令。

使用透明命令要注意以下几点。

1）使用透明"帮助"命令时，将打开 AutoCAD 帮助文档，显示当前命令的帮助信息。

2）在命令行提示输入文字时，不可透明使用命令。

3）不能同时执行两项以上的透明命令。如不能既缩放又平移。

4）AutoCAD 以">>>>"提示显示透明命令。

5）不选择对象、创建新对象或结束绘图任务的命令通常可以透明使用。

6）透明打开的对话框中所做的修改，直到被中断的命令已经执行后才能生效。

7）透明重置系统变量时，新值在开始下一命令时才能生效。

5.1.4 角度替代

角度替代是指以指定的角度锁定光标，无论栅格捕捉功能、正交模式和极轴捕捉功能是否打开，坐标输入和对象捕捉都优先于角度替代。

角度替代类似于极坐标输入。具体操作为：在"指定下一点"的提示下输入"<"和指向的角度，再指定距离。例如：

```
命令：Line
指定第一点：(指定线段起点)
指定下一点或[放弃(U)]：<45(指定线段方向)↵
角度替代(Angle Override)：45
指定下一点或[放弃(U)]：100(指定线段长度)↵
指定下一点或[放弃(U)]：↵(直接按〈Enter〉键退出命令)
```

执行上面命令画出长为 100、方向为 45°的线段。

5.1.5 坐标过滤

在绘图中，多数情况下要取的点都与其他对象坐标相关，这种情况下使用坐标过滤器是比较方便的。坐标过滤器可以将下一个点的输入限制为特定的坐标值。

使用坐标过滤器输入点的方式为：".xy"".xz"".yz"".x"或".y"等，即以"."来代替某一个或两个坐标值。在指定坐标时可以用坐标输入，也可以用对象捕捉的方法。指定第一个值之后，AutoCAD 将提示输入其余的坐标值。

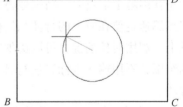

图 5-2　使用坐标过滤器确定圆心

【例 5-1】　绘制如图 5-2 所示的图形。

```
命令：CIRCLE ↵
指定圆的圆心或[三点(3P)/两点(2P)/相切、相切、半径(T)]：.x(使用坐标过滤器方式取点)↵
于(捕捉直线 AD 边中点,指定圆心的 x 坐标)
(需要 YZ)：(捕捉直线 AB 边中点,指定圆心的 y 和 z 坐标)
指定圆的半径或[直径(D)]：(指定圆半径)
```

用上面命令，确定圆心为矩形 AB 边中点的水平方向和 AD 边中点的垂直方向的交点。从坐标过滤器的输入形式上可以看出，坐标过滤器同时适用于二维和三维坐标。

5.2 绘图辅助工具

在使用 AutoCAD 绘图时，捕捉、追踪等辅助工具的使用对精确、快速制图非常重要。辅助工具按钮位于工作界面最下方的状态栏上，对应名称如图 5-3 所示。

图 5-3 状态栏上的辅助绘图工具按钮及对应名称

其中，捕捉和栅格、极轴追踪、对象捕捉、三维对象捕捉、动态输入、快捷特性和选择循环 7 个功能同属于草图设置组，选择其中任何一个图标按钮，右键单击鼠标，在弹出的快捷菜单中选择"设置"选项，都可以打开"草图设置"对话框，对该组工具进行设置，如图 5-4 所示。

图 5-4 "草图设置"对话框

5.2.1 对象捕捉

对象捕捉是指利用鼠标等定点设备在屏幕上取点时，精确地将指定点迅速定位在对象的特征几何位置上。利用对象捕捉，可以实现精确绘图，不用输入坐标和进行计算。要在系统提示输入点时指定对象捕捉，可以使用以下方法。

1）按住〈Shift〉键并单击鼠标右键以显示"对象捕捉"快捷菜单。

2）单击鼠标右键，然后从"捕捉替代"子菜单中选择"对象捕捉"。

3）输入对象捕捉的名称。

4）在状态栏的"对象捕捉"按钮上单击鼠标右键。

5）在状态栏中打开"对象捕捉"，设置并使用自动捕捉功能。

1. 对象捕捉模式

【例 5-2】 在屏幕上任意绘制两个圆，画出两圆的连心线。

命令如下：

命令:LINE ↵
指定第一点:CEN(捕捉圆心)↵
CEN 于(指针移动到一个圆心附近,圆心处出现捕捉标记和提示,单击鼠标左键)
指定下一点或[放弃(U)]:CEN ↵
CEN 于(指针移动到另一个圆心附近,圆心处出现捕捉标记和提示,单击鼠标左键)
指定下一点或[放弃(U)]:↵(按〈Enter〉键结束"直线"命令)

例 5-2 中,在要求指定点时,输入了 CEN,指定捕捉模式为"中心点",表示要捕捉圆心。主要的捕捉模式见表 5-1。

表 5-1　主要的捕捉模式

捕捉模式	说　　　明	指针标记	命令按钮
端点（E）	捕捉到几何对象的最近端点或角点		
中点（M）	捕捉到几何对象的中点		
中心点（C）	捕捉到圆弧、圆、椭圆或椭圆弧的中心点		
节点（D）	捕捉到点对象、标注定义点或标注文字原点		
象限点（Q）	捕捉到圆弧、圆、椭圆或椭圆弧的象限点		
交点（I）	捕捉到几何对象的交点		
延长线（X）	当指针经过对象的端点时，显示临时延长线或圆弧，以便用户在延长线或圆弧上指定点		
插入点（S）	捕捉到对象（如属性、块或文字）的插入点		
垂足（P）	捕捉到垂直于选定几何对象的点		
切点（N）	捕捉到圆弧、圆、椭圆、椭圆弧、多段线圆弧或样条曲线的切点		
最近点（R）	捕捉到对象（如圆弧、圆、椭圆、椭圆弧、直线、点、多段线、射线、样条曲线或构造线）的最近点		
外观交点（A）	捕捉在三维空间中不相交但在当前视图中看起来可能相交的两个对象的视觉交点		
平行线（L）	约束新直线段、多段线线段、射线或构造线，以使其与标识的现有线性对象平行		
捕捉自（From）	指定一个基点，由相对于基点的偏移确定捕捉点		
临时追踪	创建对象捕捉所使用的临时点		

📖 说明：两个对象在三维空间不相交，但可能在当前视图中看起来相交，称为"外观交点"；两个对象如果沿它们的自然路径延长将会相交，称为"延伸外观交点"；输入名称的前三个字符来指定一个或多个对象捕捉模式，如果输入多个名称，名称之间以逗号分隔。

2. 自动捕捉设置

在 AutoCAD 中，最方便使用捕捉模式的方法是自动捕捉。即事先设置好一些捕捉模式，

当指针移动到符合捕捉模式的对象时显示捕捉
标记和提示，可以自动捕捉，这样就不再需要
输入命令或按命令按钮了。需要注意：命令、
菜单和工具栏的对象捕捉命令优先于自动
捕捉。

打开或关闭自动捕捉功能可单击"对象捕
捉"状态按钮，快捷键为〈F3〉。自动捕捉
设置要利用"草图设置"对话框中的"对象捕
捉"选项卡，如图 5-5 所示。

一般要打开常用的捕捉模式，但最好不要
设置过多的捕捉项。如果设置了多个执行对象
捕捉点，可以按〈Tab〉键为某个对象遍历所

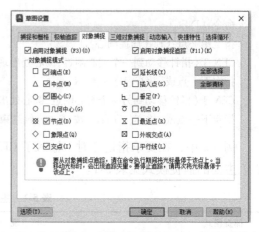

图 5-5　自动捕捉模式设置

有可用的对象捕捉点。例如，如果在指针位于圆上的同时按〈Tab〉键，自动捕捉将可能显
示用于捕捉象限点、交点和中心的选项。

5.2.2　正交模式

在实际绘图中，多数的直线是水平或垂直的。使用正交模式创建或移动对象时，可以将
指针限制在水平或垂直轴上。

1. 命令输入方式

命令行：ORTHO

快捷键：〈F8〉

快捷方法："正交"状态按钮

2. 操作步骤

命令:ORTHO ↙

输入模式[开(ON)/关(OFF)]<关>:ON(输入 ON 打开或输入 OFF 关闭正交模式)↙

使用正交模式绘图时要注意以下几点。

1）当正交模式打开移动指针时，定义位移的拖引线是沿水平轴还是垂直轴移动，取决
于指针离哪个轴近。

2）正交模式绘图指针不一定只限制在水平或垂直轴上。这取决于当前的捕捉角度、
UCS 的轴向或等轴测栅格和捕捉设置。

3）正交模式的开关，不影响用坐标输入方式取点。例如，用坐标输入方法，输入直线
的两个端点分别为（0，0）和（100，100），绘出的直线仍然是 45°方向的斜线。

5.2.3　自动追踪模式

使用正交模式，可以把取点限制在水平或垂直方向上，能否限制在任意角度上？这就是
追踪要解决的问题。追踪包括两个追踪选项："极轴追踪"和"对象捕捉追踪"。

1. 极轴追踪

利用极轴追踪模式可以在创建或修改对象时，控制沿指定的极轴角度和极轴距离取点，

并显示追踪的路径。

打开或关闭极轴追踪模式可以单击"极轴"状态按钮 ，快捷键为〈F10〉。当极轴追踪模式打开时，正交模式就会关闭。同样，当正交模式打开时，极轴追踪模式就会关闭，这让人很容易以为二者的功能是一样的。实际上，两种模式有较大的不同。

以"直线"命令为例，极轴追踪模式打开时，利用鼠标取点的方法仍然可以向各个方向画线，这与正交模式是不同的。但当取点时指针移动到与前一点水平或垂直位置附近时，会显示出虚线的极轴并出现提示，此时指针的移动也锁定在极轴方向，这样可以轻松绘出水平、垂直或特定角度的线段。当指针从水平和垂直的位置上移开时，虚线的极轴和提示消失。

如果对极轴追踪模式进行设置，还可以对任意指定的角度进行追踪。设置极轴追踪的方法如下。

打开"草图设置"对话框，选择"极轴追踪"选项卡，如图5-6所示。"极轴追踪"选项卡各选项含义如下。

● 启用极轴追踪：打开或关闭极轴追踪。可用〈F10〉键或AUTOSNAP系统变量来控制。

● 增量角：输入任何角度或从下拉列表中选择常用角度来设置极轴追踪的极轴角增量。从0°开始到360°，指针到达指定角度或指定角度的倍数（增量）时，AutoCAD显示极轴和提示。这个倍数可以为负，即角度逆方向测量。设置增量角为45°时的情况如图5-7所示。

图5-6　极轴追踪设置

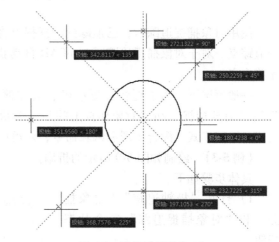

图5-7　设置增量角为45°

● 附加角：添加角度到列表中，极轴追踪时可以使用列表中的任何一种附加角度。附加角度用"新建（N）"按钮指定，最多10个，极轴追踪时不追踪附加角度的增量。附加角度用"删除"按钮删除。

● 对象捕捉追踪设置：设置对象捕捉追踪打开时，是沿对象捕捉点的正交追踪路径进行追踪，还是沿对象捕捉点的任何极轴角追踪路径进行追踪。

● 极轴角测量：设置测量极轴追踪对齐角度的基准，是根据当前UCS（用户坐标系）确定极轴追踪角度，还是根据上一个绘制线段确定极轴追踪角度。

极轴追踪的运用很灵活，当极轴追踪和对象捕捉模式同时打开且对象捕捉可以捕捉交点时，在绘图和编辑中可以捕捉极轴追踪路径与其他对象的交点。

利用"草图设置"对话框"捕捉和栅格"选项卡中的极轴捕捉功能，还可以指定捕捉时沿极轴追踪路径上指针移动的距离增量。

2. 对象捕捉追踪

对象捕捉追踪是指从对象的捕捉点进行追踪，即沿着基于对象捕捉点的追踪路径进行追踪。必须和对象捕捉功能一起使用。

打开或关闭对象捕捉追踪模式可以单击"对象追踪"状态按钮 ⊿，快捷键为〈F11〉。对象捕捉追踪的设置首先包括对象捕捉模式的设置（见 5.2.1 节），以确定要追踪什么对象。其次包括对象捕捉追踪设置。对象捕捉追踪设置在"草图设置"对话框的"极轴追踪"选项卡下"对象捕捉追踪设置"选项组中设置，主要用来确定以什么方式追踪。对象捕捉追踪应用相当灵活，如图 5-8 所示。

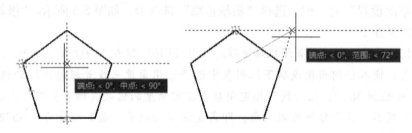

图 5-8　对象捕捉追踪

使用对象捕捉追踪时，已追踪到的捕捉点将显示一个小加号"+"，一次最多可以获取 7 个追踪点。对于对象捕捉追踪，AutoCAD 自动获取对象点，也可以选择仅在按〈Shift〉键时才获取点。

一般情况下，为了更快、更准确、更方便地绘图，绘图开始时就同时打开"极轴追踪"、"对象捕捉"和"对象捕捉追踪"三个状态按钮。掌握了捕捉模式和追踪模式，配合绘图和编辑命令，就可以方便地绘图了。

【例 5-3】　绘制如图 5-9 所示的折扇。

具体步骤如下。

微课 5-1　绘制折扇

1）打开"极轴追踪""对象捕捉"和"对象捕捉追踪"三个状态按钮。

2）绘制一条垂直线。

3）选择所绘的直线，对其进行环形阵列编辑。阵列的中心利用最近点（NEA）捕捉模式，捕捉直线上靠近下端一点。阵列项目总数设为 12，填充角度设为"60"，取消关联，单击"确定"按钮。图形如图 5-10 所示。

4）将图形沿垂直线镜像。

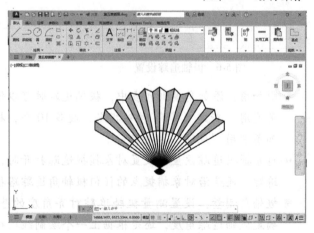

图 5-9　绘制折扇

5）用"圆弧（圆心、起点、端点）"命令和对象捕捉功能，绘制四条圆弧。如图 5-11 所示。

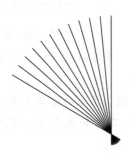

图 5-10　阵列后的图形

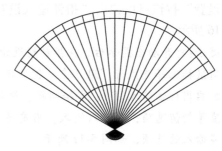

图 5-11　绘制圆弧

6）利用"修剪"命令编辑图形，然后删除折扇顶端的两圆弧。

7）利用"直线"命令并捕捉端点，画出折线，如图 5-12 所示。

8）使用"图案填充" 命令（图案填充的具体方法见第 7 章），填充图案为 SOLID，为图形填充图案。绘图结果如图 5-13 所示。

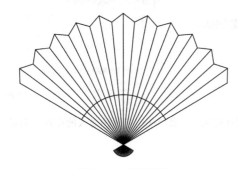

图 5-12　绘制折线

图 5-13　填充效果

5.2.4　动态输入

动态输入提供了一种在鼠标指针位置附近显示命令提示并可以输入数据或选项的模式。现在，许多 CAD 软件都采用了动态输入数据的模式。

打开或关闭动态输入模式可以单击"动态输入"状态按钮，快捷键为〈F12〉。动态输入的设置方法如下。

右键单击"动态输入"状态按钮，打开"草图设置"对话框，选择"动态输入"选项卡，如图 5-14 所示。各选项组含义如下。

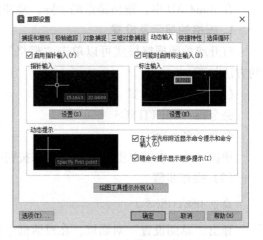

图 5-14　"动态输入"选项卡

- 启用指针输入（P）：选择启用指针输入后，当执行一个命令时，在指针附近会出现工具提示框，在该提示框中，可以像在命令行输入一样输入坐标等数据。动态输入如图 5-15 所示。图中执行的是 LINE 命令，输入的数据是"@100<25"。

单击"设置"按钮可以弹出"指针输入设置"对话框，如图 5-16 所示。

图 5-15　动态输入

- 动态提示：打开动态提示后，在指针附近出现提示框，并可以用〈↓〉键打开命令选项，用鼠标选择并执行。用〈↑〉键显示最近的输入。
- 可能时启用标注输入（D）：在绘制圆、椭圆、弧、直线、多段线等图形时，显示距离和角度等数值选项，并可以输入。当有多个选项，如距离和角度时，可以用〈Tab〉键切换输入的选项，如图 5-17 所示。

单击"设置"按钮可以弹出"标注输入的设置"对话框，如图 5-18 所示。

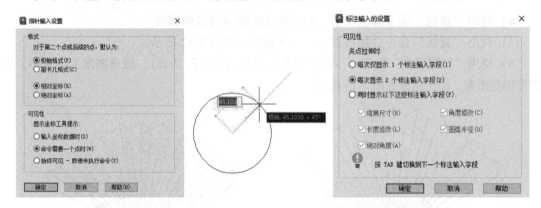

图 5-16　"指针输入设置"对话框　　图 5-17　启用标注输入　　图 5-18　"标注输入的设置"对话框

5.2.5　栅格模式绘图

在绘图过程中，使用栅格就好像在图形下放置一张坐标纸，可以粗略地显示对象的大小，还可以限制指针的位置，精确地捕捉栅格上的点。

在 AutoCAD 中，栅格是点的矩阵，延伸到指定为图形界限的整个区域。

1. 栅格的显示及设置

打开或关闭栅格模式可以单击"栅格"状态按钮▦，快捷键为〈F7〉。设置栅格模式的方法如下。

（1）命令输入方式

命令行：DSETTINGS

命令别名：DS

快捷方法：右键单击"栅格"状态按钮→选择"设置"

（2）操作步骤

命令：DSETTINGS ↵

弹出"草图设置"对话框，在对话框中选择"捕捉和栅格"选项卡，如图 5-19 所示。"捕捉和栅格"选项卡用于设置捕捉模式和栅格模式，各选项含义如下。

1）启用捕捉（S）：打开或关闭捕捉模式。

2）捕捉间距：该选项组用于对捕捉间距进行设置。

● 捕捉 X 轴间距（P）：指定 X 方向的捕捉间距，间距值必须为正实数。

● 捕捉 Y 轴间距（C）：指定 Y 方向的捕捉间距，间距值必须为正实数。

3）极轴间距：控制极轴捕捉的距离增量。

4）捕捉类型：设置捕捉模式是栅格捕捉还是极轴捕捉。

● 矩形捕捉（E）：将捕捉样式设置为标准矩形捕捉模式。

● 等轴测捕捉（M）：将捕捉样式设置为等

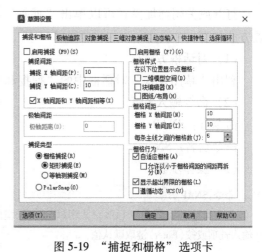

图 5-19 "捕捉和栅格"选项卡

轴测捕捉模式。等轴测捕捉的栅格和指针如图 5-20 所示。

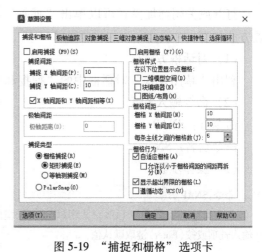

图 5-20 等轴测捕捉的栅格和指针

5）启用栅格（G）：打开或关闭栅格模式。

6）栅格间距：该选项组用于对栅格的间距进行设置。

● 栅格 X 轴间距（N）：指定 X 方向的栅格点间距。

● 栅格 Y 轴间距（I）：指定 Y 方向的栅格点间距。

7）栅格行为：主要设置栅格在缩放过程中的动态更改。

2. 栅格的捕捉

捕捉模式用于控制指针按照用户定义的间距移动，有助于使用鼠标或键盘上的方向键来精确地定位点。

打开或关闭捕捉模式可以单击"捕捉"状态按钮▦，快捷键为〈F9〉。捕捉模式的设置方法如下。

（1）对话框方式

利用"草图设置"对话框中的"捕捉和栅格"选项卡。

（2）命令输入方式

命令行：SNAP

命令别名：SN

（3）操作步骤

> 命令:SNAP ↵
> 指定捕捉间距或[打开(ON)/关闭(OFF)/纵横向间距(A)/传统(L)/样式(S)/类型(T)]<10.0000>:（输入选项或按〈Enter〉键取默认值)↵

命令行中各选项含义如下。

- 指定捕捉间距：用指定的值激活捕捉模式。
- 打开（ON)/关闭（OFF)：打开或关闭捕捉模式。
- 纵横向间距（A)：分别指定水平和垂直间距。
- 传统（L)：设置捕捉的新旧行为，即是始终捕捉到捕捉栅格，还是仅在操作正在进行时捕捉到捕捉栅格。
- 样式（S)：设置捕捉栅格的样式，即设置"矩形（标准）捕捉"或"等轴测捕捉"。
- 类型（T)：设置捕捉类型是栅格还是极轴。

如果要设置捕捉样式为"等轴测捕捉"，除了可以在"草图设置"对话框中设置外，还可以用如下命令。

> 命令:SNAP ↵
> 指定捕捉间距或[打开(ON)/关闭(OFF)/纵横向间距(A)/传统(L)/样式(S)/类型(T)]<10.0000>:S(设置捕捉的样式)↵
> 输入捕捉栅格类型[标准(S)/等轴测(I)]<S>:I(指定捕捉样式为等轴测)↵
> 指定垂直间距<10.0000>:↵（默认为"垂直间距"）

执行上述命令后栅格和指针如图 5-20 所示，并按等轴测方式捕捉。

3. 正等轴测图的绘制

（1）正等轴测图简介

工程中的图样大多是多面正投影图，可以比较全面地表示物体的形状，具有良好的度量性，作图也简单，但是立体感较差，非专业人员很难看懂。如果将机件按特定的投射方向作图，图样同时获得反映物体长、宽、高三个方向形状的图形，则立体感强，也容易读懂。这种图称为轴测投影图，简称轴测图。轴测图一般用作辅助图样，多用于插图、广告、说明书等，用以表达物体和零件的效果，尤其是零部件之间的装配关系。常用的轴测图有正等轴测图和斜二轴测图等。

正等轴测图中的三个轴间角都等于 120°，如图 5-21 所示。根据计算，轴向伸缩系数 $p=q=r=0.82$。为了方便绘图，都取为 1。

从图 5-21 中可以看出，将捕捉样式设置为"等轴测"，很容易绘制正等轴测图。如果捕捉角度是 0°，那么轴测轴分别是 -30°、90° 和 150°。

（2）等轴测平面

为了表达机件不同表面，绘制正等轴测图时要变换等轴测平面。

1）命令输入方式：

命令行：ISOPLANE

快捷方式：〈Ctrl+E〉或〈F5〉键

2）操作步骤：

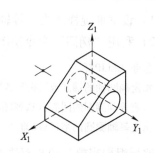

图 5-21　正等轴测图及其轴测轴

```
命令:ISOPLANE ↵
当前等轴测平面:上
输入等轴测平面设置[左视(L)/俯视(T)/右视(R)]<右视>:L↵
当前等轴测面:左视
```

用上述命令，可以使当前等轴测面在"左视图（Left）""俯视图（Top）"和"右视图（Right）"间切换。当然，最方便的方法是用〈F5〉键来切换。三个等轴测面如图 5-22 所示。

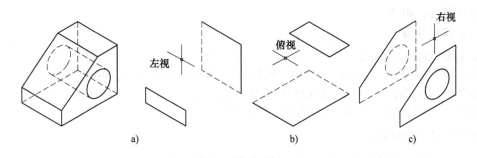

图 5-22　三个等轴测面

📖 注意：选择三个等轴测面之一，打开正交模式，十字指针将与相应的等轴测轴对齐，而不再只限定在水平和垂直方向。

（3）等轴测平面上的圆

圆在与其不平行的投影面上的投影是椭圆。对于正等轴测图，各坐标面与轴测投影面是等倾的，因此，平行于各坐标面的圆的正等轴测投影是形状相同而方向不同的椭圆。各面上的圆的投影如图 5-23 所示。

在 AutoCAD 中，绘制三个等轴测面形状正确的椭圆，更简单的方法是使用"椭圆"命令中的"等轴测圆"选项。具体步骤如下。

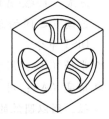

图 5-23　等轴测平面上的圆的投影

1）设置捕捉样式为"等轴测捕捉"。

2）利用"椭圆"命令绘图。具体操作如下。

命令：ELLIPSE
指定椭圆轴的端点或[圆弧(A)/中心点(C)/等轴测圆(I)]：I(画等轴测圆)↵
指定等轴测圆的圆心：(选择圆心)
指定等轴测圆的半径或[直径(D)]：(指定圆的半径或直径,此半径或直径为原始圆的大小)↵

这样根据当前等轴测面的不同就可以绘制出不同方向的椭圆。当然，要画好轴测图还应该掌握更多的轴测图的原理和制图的知识。

5.3　查询和计算

5.3.1　查询命令

在绘图中，对象间经常是互相参照的。有时需要知道对象的一些性质，如一条直线的长度和方向等。在 AutoCAD 中，可以通过"查询"命令，得到想知道的对象的信息。

1. 查询距离

（1）命令输入方式

命令：MEASUREGEOM

选项卡："默认"选项卡→"实用工具"面板→"测量" ▭

命令别名：MEA

（2）操作步骤

命令：MEASUREGEOM ↵
输入选项[距离(D)/半径(R)/角度(A)/面积(AR)/体积(V)]<距离>:_DISTANCE
指定第一点:(用输入或捕捉等方法指定测量查询起点)
指定第二个点或[多个点(M)]:(指定测量查询终点)

操作后显示测量结果：

"距离 = 144.7794,XY 平面中的倾角 = 28,与 XY 平面的夹角 = 0
X 增量 = 127.9576,Y 增量 = 67.7343,Z 增量 = 0.0000"

命令行中各选项说明如下。

- 距离(D)：测量指定点之间的距离，以及两点间 X、Y 和 Z 轴的增量，并给出两点连线相对于 UCS 的角度。如果在指定第二点时输入 M（多个点），则出现"指定下一个点或［圆弧(A)/长度(L)/放弃(U)/总计(T)]<总计>:"的提示，可以测量并显示连续点之间的总距离，或输入相应选项，进行相应的测量。测量距离也可以使用DIST 命令。

- 半径（R）：用于测量并显示指定圆弧、圆或多段线圆弧的半径和直径。

- 角度（A）：用于测量与选定的圆弧、圆、多段线线段和线对象关联的角度。测量圆弧，则以圆弧的圆心作为顶点，测量圆弧的两个端点之间形成的角度；测量圆则以圆心作为顶点，测量最初选定圆的位置与第二个点之间形成的锐角；测量直线则测量两条选定直线之间的锐角（直线无需相交）；选择"指定顶点"，则先指定一个点作为顶点，然后再选择其他两个点，测量三点形成的锐角。

- 面积（AR）：测量对象或定义区域的面积和周长，不能测量自交对象的面积。测量面积也可以使用 AREA 命令。
- 体积（V）：测量并显示对象或定义区域的体积。

2. 查询坐标

（1）命令输入方式

命令行：ID

菜单栏：工具→查询→点坐标

工具栏：查询→

（2）操作步骤

命令:ID ↵

指定点:(指定要查询的点)

显示指定点 x、y 和 z 三个坐标信息。

3. 查询面域/质量特性

（1）命令输入方式

命令行：MASSPROP

菜单栏：工具→查询 →面域/质量特性

工具栏：查询→

（2）操作步骤

命令:MASSPROP ↵

该命令可用于对面域和实体进行查询，可以查询面域的面积、周长、边界和形心，实体的惯性矩、旋转半径等。

4. 列表显示

列表显示对象的数据库信息，包括对象的类型、对象图层、相对于当前用户坐标系（UCS）的 x、y、z 位置以及对象位于模型空间还是图纸空间。

（1）命令输入方式

命令行：LIST

菜单栏：工具→查询 →列表显示

工具栏：查询→

命令别名：LI

（2）操作步骤

命令:LIST ↵

选择对象:(选择查询的对象)

执行命令后 AutoCAD 自动打开文本窗口，显示被查询对象的数据库信息。

5.3.2 几何图形计算器

在 5.1.3 节透明命令中介绍了几何图形计算器。利用几何图形计算器

微课 5-2 几何
图形计算器

在命令行输入公式，可以迅速解决数学问题或定位图形中的点。

输入表达式的方法在 5.1 节已经用过，在此不再赘述。表达式的运算符按优先级依次为：编组运算符"()"、指数运算符"^"、乘除运算符" * "和"/"、加减运算符"+"和"−"。

下面介绍如何运用几何图形计算器来方便地取点。

如果在两圆的连心线中点再画一个圆，可以用下面的操作。

> 命令:CIRCLE ↵
>
> 指定圆的圆心或[三点(3P)/两点(2P)/ 切点、切点、半径(T)]:'CAL(透明使用几何图形计算器)↵
>
> >>>>表达式:(CEN+CEN)/2(取中点的公式,注意这里的变量必须是在 AutoLISP 中有值的,如中点 MID、圆心 CEN 等)↵
>
> >>>>选择图元用于 CEN 捕捉:(选择第一个圆的圆心)
>
> >>>>选择图元用于 CEN 捕捉:(选择第二个圆的圆心)

正在恢复执行 CIRCLE 命令。

> 指定圆的圆心或[三点(3P)/两点(2P)/ 切点、切点、半径(T)]:205,185,0(显示计算出的点的坐标并指定为圆心)
>
> 指定圆的半径或[直径(D)]:(指定圆的半径或直径)↵

利用几何图形计算器定位圆心的结果如图 5-24 所示。

5.3.3 快速计算器

在 AutoCAD 中如果需要进行比较多或比较复杂的数学计算，用几何图形计算器或 LISP 语言是非常麻烦的。过去遇到这种情况，绘图者一般只能在 AutoCAD 之外进行。

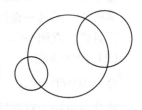

图 5-24 利用几何图形计算器定位圆心的结果

AutoCAD 中附带了一个快速计算器功能，可以随时调用，并执行数值计算、科学计算、单位换算、几何计算等功能。

1. 打开快速计算器的方法

命令行：QUICKCALC

选项卡："默认"选项卡→"实用工具"面板→计算器▣

命令别名：QC

执行命令后，打开快速计算器，如图 5-25 所示。

快速计算器有四个可伸缩屏，分别如下。

● 基本计算器模式：实现普通标准计算器的功能。

● 科学：实现科学计算器功能，可以进行科学或工程计算。

● 单位转换：可以实现长度、面积、体积等在公制和英制间转换各种单位。

● 变量：可以对全局常数和变量进行定义、编辑、删除等操作。

图 5-25 快速计算器

计算器执行一般的数值计算或单位转换的功能比较简单，在此不再详细解释。要注意的是，在命令执行中打开快速计算器后可以作三维几何运算。

2. 命令活动状态下使用快速计算器

仍以在两圆的连心线中点画一个圆为例。

1）输入绘圆命令。在"指定圆的圆心或〔三点（3P）/两点(2P)/相切、相切、半径(T)〕："提示下单击"计算器"📳按钮，透明打开快速计算器。

2）在快速计算器中单击"从屏幕上取坐标"按钮🐾，选择第一个圆的圆心，得到其坐标。用相同的方法得到第二个圆心的坐标，如图 5-26 所示。

3）用"（）"和运算符号将两坐标连成一个算式，如图 5-27 所示。

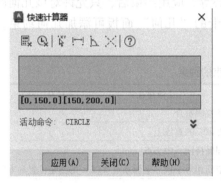

图 5-26　取两点坐标

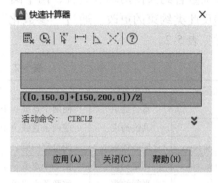

图 5-27　用两点坐标编辑算式

4）单击"应用"按钮，退出快速计算器，恢复绘制圆命令，并且指定圆心为前两个圆的圆心连线的中点。

以上操作全部命令如下。

```
命令:CIRCLE ↵
指定圆的圆心或[三点(3P)/两点(2P)/切点、切点、半径（T）]:'_QUICKCALC
>>>>输入点:
>>>>输入点:
正在恢复执行 CIRCLE 命令。
指定圆的圆心或[三点(3P)/两点(2P)/切点、切点、半径（T）]:75,175,0
指定圆的半径或[直径(D)]<60.82764>:
```

5.4　参数化绘图

AutoCAD 2024 拥有强大的参数化绘图功能，可以让用户通过基于设计意图的图形对象约束来大大提高绘图效率。几何和尺寸约束帮助确保对象在修改后还保持特定的关联及尺寸。创建和管理几何约束与尺寸约束的工具位于"参数化"选项卡中，如图 5-28 所示。

5.4.1　几何约束

1. 添加几何约束

几何约束用于建立和维持对象间、对象上的关键点间以及对象和坐标系间的几何关联。同一对象上的关键点对或不同对象上的关键点对均

微课 5-3　参数化
几何约束

图 5-28 "参数化"选项卡

可约束为相对于当前坐标系统的垂直或水平方向。例如，可添加平行约束使两条直线一直平行，添加重合约束使两端点重合、两个圆一直同心等，应用约束后，只允许对该几何图形进行不违反此类约束的更改。通过"参数化"选项卡的"几何"面板可添加几何约束，约束的种类见表 5-2。

表 5-2　几何约束的种类

按钮图标	约束名称	几何意义
|__	重合约束	使两个点或一个点和一条直线重合
✓	共线约束	使两条直线位于同一条无限长的直线上
◎	同心约束	使选定的圆、圆弧或椭圆保持同一中心点
🔒	固定约束	使一个点或一条曲线固定到相对于世界坐标系（WCS）的指定位置和方向上
//	平行约束	使两条直线保持相互平行
<	垂直约束	使两条直线或多段线的夹角保持 90°
═	水平约束	使一条直线或一对点与当前 UCS 的 X 轴保持平行
‖	竖直约束	使一条直线或一对点与当前 UCS 的 Y 轴保持平行
○	相切约束	使两条曲线保持相切或与其延长线保持相切
↘	平滑约束	使样条曲线与其他样条曲线、直线、圆弧或多段线保持几何连续性
[:]	对称约束	使两个对象或两个点关于选定直线保持对称
═	相等约束	使两条直线或多段线具有相同长度或使圆弧具有相同半径
⬛	自动约束	根据选择对象自动添加几何约束。单击【几何】面板右下角的箭头，打开【约束设置】对话框，通过【自动约束】选项卡设置添加各类约束的优先级及是否添加约束的公差值

　　在添加几何约束时，选择两个对象的顺序将决定对象怎样更新。通常，所选的第二个对象会根据第一个对象进行调整。例如，应用垂直约束时，选择的第二个对象将调整为垂直于第一个对象。

　　约束标记显示了应用到对象的约束。用户可以使用 CONSTRAINTBAR 命令来控制约束标记的显示，也可以通过"参数化"选项卡"几何"面板上的"显示""全部显示有""隐藏"选项来控制。当约束标记显示后，用户可将指针对准约束标记来查看约束名称和约束到的对象，也可以通过"约束设置"对话框中的"几何"选项卡来控制约束标记的显示。选项包括在约束标记中可调节哪种类型的约束显示、设置透明度，以及将约束应用到选定对象后自动显示约束标记而不管当前约束标记的可见性设置，如图 5-29 所示。

　　2. 编辑几何约束

　　添加几何约束后，在对象的旁边会出现约束图标。将指针移动到图标或图形对象上，AutoCAD 将高亮显示相关的对象及约束图标。对已加到图形中的几何约束可以进行显示、隐藏和删除等操作。

1）单击"参数化"选项卡中"几何"面板上的 全部隐藏 按钮，则图形中的所有几何约束将全部隐藏。

2）单击"参数化"选项卡中"几何"面板上的 全部显示 按钮，则图形中的所有几何约束将全部显示。

3）单击"参数化"选项卡中"几何"面板上的 显示/隐藏 按钮，将显示/隐藏选中对象的几何约束。

4）将鼠标指针放到某一约束上，该约束将高亮显示，单击鼠标右键弹出快捷菜单，选择快捷菜单中的"删除"选项可以将该几何约束删除。选择快捷菜单中的"隐藏"选项，该几何约束将被隐藏，要想重新显示该几何约束，可单击"参数化"选项卡中"几何"面板上的相关按钮。

5）选择快捷菜单中的"约束栏设置"选项或单击"几何"面板右下角的箭头将弹出"约束设置"对话框，如图 5-30 所示。通过该对话框可以设置哪种类型的约束显示在约束栏图标中，还可以设置约束栏图标的透明度。

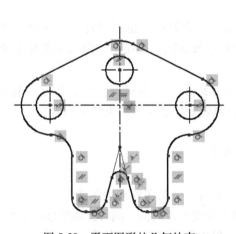

图 5-29　平面图形的几何约束

图 5-30　"约束设置"对话框

6）选择受约束的对象，单击"参数化"选项卡中"管理"面板上的 按钮，将删除图形中所有几何约束和尺寸约束。

7）修改已添加几何约束的对象时，若使用关键点编辑模式修改受约束的几何图形，该图形会保留应用的所有约束；若使用 MOVE、COPY、ROTATE 和 SCALE 等命令修改受约束的几何图形，结果会保留应用于对象的约束；在有些情况下，使用 TRIM、EXTEND 及 BREAK 等命令修改受约束的对象后，所加约束将被删除。

5.4.2　尺寸约束

1. 添加尺寸约束

尺寸约束可以控制二维对象的大小、角度及两点间距离等，此类约束可以是数值，也可以是变量及方程式。改变尺寸约束，则约束将驱动对象发生相应变化。可通过"参数化"选项卡的"标注"面板来添加尺寸约束。约束种类、约束转换及显示见表 5-3。

表 5-3　尺寸约束的种类、转换及显示

按钮图标	约束名称	几何意义
	线性约束	约束两点之间的水平或竖直距离
	对齐约束	约束两点、点与直线、直线与直线间的距离
	半径约束	约束圆或者圆弧的半径
	直径约束	约束圆或者圆弧的直径
	角度约束	约束直线间的夹角、圆弧的圆心角或三点构成的角度
	转换	1）将普通尺寸标注（与标注对象关联）转换为动态约束或注释性约束 2）使动态约束与注释性约束相互转换 3）利用"形式（F）"选项指定当前尺寸约束为动态约束或注释性约束

尺寸约束分为两种形式：动态约束和注释性约束。默认情况下是动态约束，系统变量 CCONSTRAINTFORM 为 0；若为 1，则默认尺寸约束为注释性约束。

1）动态约束：标注外观由固定的预定义标注样式决定，不能修改，且不能被打印。在缩放操作过程中，动态约束保持相同大小。

2）注释性约束：标注外观由当前标注样式控制，可以修改，也可以打印。在缩放操作过程中，注释性约束的大小发生变化。可把注释性约束放在同一图层上，设置颜色及改变可见性。

动态约束与注释性约束间可相互转换，选择尺寸约束，单击鼠标右键，选中"特性"选项，打开"特性"选项板，在"约束形式"下拉列表中指定尺寸约束要采用的形式。

2. 编辑尺寸约束

对于已创建的尺寸约束，可采用以下方法进行编辑。

1）尺寸约束的显示/隐藏操作与几何约束相同。

2）双击尺寸约束或利用 DDEDIT 命令编辑约束的值、变量名称或表达式。

3）选中尺寸约束，拖动与其关联的三角形关键点改变约束的值，同时驱动图形对象改变。

4）选中尺寸约束，单击鼠标右键，利用快捷菜单中相应选项编辑约束。

3. 用户变量及方程式

变量化设计使参数值可赋予表达式，给产品设计带来很大的方便。AutoCAD 2024 的参数变量化的功能，使所有参数可以赋予表达式，支持三角函数、指数函数等常用的数学表达式。单击"参数化"选项卡中"标注"面板上的 fx 按钮，打开"参数管理器"对话框，利用该管理器可修改变量名称、定义用户变量及建立新的表达式等，如图 5-31 所示。单击 fx 按钮可建立新的用户变量。

图 5-31　参数管理器

5.5 绘图实例

通过下面的实例，要求读者掌握一个较为完整的图形绘制过程。

【例5-4】 按照给定的尺寸绘制如图5-32所示的图形，不标注。

微课 5-4 绘制手柄

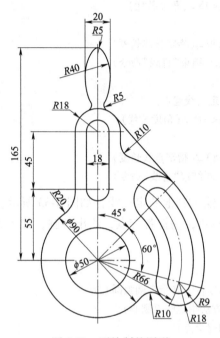

图 5-32 要绘制的图形

1）使用"图形界限"命令设置图形极限为：左下角（0，0），右上角（210，297），恰好是纵向的 A4 图幅。

使用"单位"命令对图形单位等进行设置；对捕捉和栅格间距进行设置；设置对象自动捕捉模式。

2）按照第 4 章介绍的方法和标准设置图层。

3）将当前视图缩放到图形界限。

```
命令:ZOOM ↵
指定窗口的角点,输入比例因子 (nX 或 nXP),或者
[全部(A)/中心(C)/动态(D)/范围(E)/上一个(P)/比例(S)/窗口(W)/对象(O)]<实时>:A ↵(全
部显示)
```

4）绘制图形的定位线。

```
命令:LINE ↵
指定第一点:50,100 ↵(指定直线起点)
指定下一点或[放弃(U)]:@80,0 ↵(指定直线终点,绘出水平线)
指定下一点或[放弃(U)]:↵(结束"直线"命令)
命令:LINE ↵
```

```
指定第一点:100,50 ↲(指定直线起点)
指定下一点或[放弃(U)]:@0,220 ↲(指定直线终点,绘出垂直线)
指定下一点或[放弃(U)]:↲(结束"直线"命令)
命令:LINE ↲
指定第一点:100,100 ↲(指定直线起点)
指定下一点或[放弃(U)]:<45 ↲(角度替代)
角度替代:45
指定下一点或[放弃(U)]:89 ↲(指定直线长度)
指定下一点或[放弃(U)]:↲(结束"直线"命令)
命令:LINE ↲
指定第一点:100,100 ↲(指定直线起点)
指定下一点或[放弃(U)]:<-15 ↲(角度替代)
角度替代:345
指定下一点或[放弃(U)]:89 ↲(指定直线长度)
指定下一点或[放弃(U)]:↲(结束"直线"命令)
```

再利用"偏移"命令,绘出其他的定位线,如图 5-33 所示。

5)打开对象自动捕捉模式,捕捉各交点,绘出各圆,如图 5-34 所示。

6)绘制弯槽。

```
命令:ARC ↲
指定圆弧的起点或[圆心(C)]:C ↲(指定圆弧圆心)
指定圆弧的圆心:(用捕捉方法指定圆弧圆心)
指定圆弧的起点:INT ↲(捕捉交点)
于(指定 R18 圆与-15°方向斜线的交点)
指定圆弧的端点或[角度(A)/弦长(L)]:INT ↲(捕捉交点)
于(指定 R18 圆与 45°方向斜线的交点)
```

用相同的方法绘出另外三条圆弧。利用"修剪"命令,切去多余图线。在绘图时可以对视图进行缩放控制。利用"打断"命令,修改 R66 的圆成圆弧。注意:中心线要超出轮廓线 2~5mm,结果如图 5-35 所示。

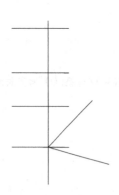
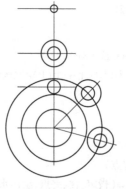
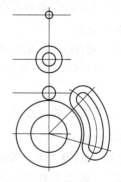

图 5-33 绘制图形的定位线　　　图 5-34 绘制已知尺寸各圆　　　图 5-35 绘制弯槽

7)绘制直槽。打开极轴追踪、对象自动捕捉和对象极轴捕捉模式。捕捉圆的象限点向下绘制四条直线，对图形进行修剪，并将最外侧圆弧延伸到最右侧直线处，结果如图 5-36 所示。

8）绘制切线。

命令:LINE
指定第一点:TAN ↵(捕捉切点)
到(选择 R18 圆外侧)
指定下一点或[放弃(U)]:TAN ↵(捕捉切点)
到(选择大圆弧外侧)
指定下一点或[放弃(U)]:↵(结束命令)

9）利用"圆角"命令，绘制各圆角。注意设置圆角的半径，结果如图 5-37 所示。

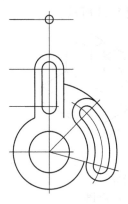 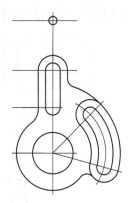

图 5-36　绘制直槽　　　　　图 5-37　绘制各圆角

10）利用"延伸"命令封闭由于倒圆角而使圆弧产生的缺口。

11）绘制手柄（头部）。

①将中心垂直线偏移 10 个单位（mm），作辅助线。

②绘制 R40 的圆。

命令:CIRCLE ↵
指定圆的圆心或[三点(3P)/两点(2P)/相切、相切、半径(T)]:T ↵(设置绘制圆采用"相切、相切、半径"方式)
指定对象与圆的第一个切点:(选择辅助线)
指定对象与圆的第二个切点:(选择 R5 圆)
指定圆的半径<9.0000>:40 ↵(指定圆的半径)

③删除作图辅助线。

④以中心垂直线为对称线将 R40 的圆镜像。

⑤用"修剪"命令切去多余图素。

⑥用倒圆角命令绘制出 R5 圆角，并以中心垂直线为对称线镜像。

⑦用"修剪"命令切去多余图素。

⑧用"延伸"命令封闭由于倒圆角而使圆弧产生的缺口。

12）利用"修剪"或"打断"以及"拉伸"等命令修改各中心线，使其超出轮廓线 2~5mm。

13）将各图线指定到其相应的图层，完成图形的绘制。

在学习了尺寸标注的相关内容后，给此图形标注尺寸。

5.6 习题

1. 透明命令的输入格式为：命令名前面加（ ）符号。
   A. : B. ' C. ; D. <<
2. 练习用对象捕捉、极轴追踪和对象捕捉追踪模式绘图。
3. 在等轴测捕捉样式下，可以用功能键（ ）来切换等轴测面。
   A.〈F2〉 B.〈F5〉 C.〈F7〉 D.〈F9〉
4. 根据物体的三视图，绘制其正等轴测图，如图 5-38 所示。

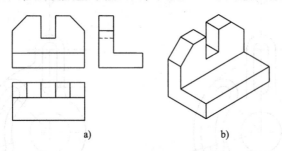

a) b)

图 5-38 绘制正等轴测图

a）物体三视图 b）物体正等轴测图

5. 完成例 5-4 图形的绘制。

第 6 章 尺寸标注与引线

本章主要内容:

● 尺寸的组成与标注规则
● 尺寸标注的类型与实现方式
● 尺寸标注的样式设置
● 尺寸标注的编辑
● 引线标注
● 尺寸标注的应用示例

正确地标注物体的尺寸非常重要,应使所标注的尺寸完整、清晰和便于看图。

6.1 国家标准有关尺寸标注的规则

尺寸标注是绘图设计中的一项重要内容。图形用来表达物体的形状,而尺寸标注用来确定物体的大小和各部分之间的相对位置。本节简单介绍国家标准有关尺寸标注的规则。

6.1.1 基本规则

1)物体的真实大小应以图样上所标注的尺寸数值为依据,与图形的大小及绘图的准确度无关。

2)图样中的尺寸以毫米(mm)为单位时,不需要标注计量单位的代号或名称。如果采用其他单位,则必须注明相应计量单位的代号或名称。

3)图样中所标注的尺寸为该图样所表示的物体的最后完工尺寸,否则应另加说明。

4)物体的每一尺寸,一般只标注一次,并应标注在反映该结构最清晰的图形上。

6.1.2 尺寸的组成

图样上一个完整的尺寸应由尺寸界线、尺寸线、箭头及尺寸文字组成,如图 6-1 所示。通常,AutoCAD 将这四部分作为块处理,因此一个尺寸标注一般是一个对象。

(1)尺寸界线

用细实线绘制,从图形的轮廓线、轴线、中心线引出,并超出尺寸线 2mm 左右。轮廓线、轴线、中心线本身也可以作尺寸界线。

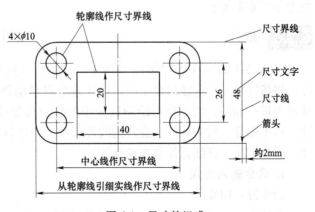

图 6-1 尺寸的组成

（2）尺寸线

尺寸线必须用细实线单独绘出，不能用任何图线代替，也不能与任何图线重合。

（3）箭头

箭头位于尺寸线的两端，指向尺寸界线。用于标记标注的起始、终止位置。箭头是一个广义的概念，可以有不同的样式，详见尺寸样式设置中箭头形式的下拉列表。

（4）尺寸文字

同一张图中尺寸文字的大小应一致。除角度以外的尺寸文字，一般应填写在尺寸线的上方，也允许填写在尺寸线的中断处，但同一张图中应保持一致；文字的方向应与尺寸线平行。尺寸文字不能被任何图线通过，偶有重叠，其他图线均应断开。

6.1.3 尺寸标注的基本要求

1）互相平行的尺寸线之间应保持适当的距离，为避免尺寸线与尺寸界线相交，应按大尺寸标注在小尺寸外面的原则标注尺寸。

2）圆及大于半圆的圆弧应标注直径尺寸，半圆或小于半圆的圆弧应标注半径尺寸。

3）角度（无论哪一种位置的角度）尺寸的标注，其尺寸文字的方向一律水平注写，文字的位置一般填写在尺寸线的中间断开处。

6.2　尺寸标注

AutoCAD 2024 在草图与注释空间"注释"选项卡的"标注"面板中提供了常用的尺寸标注图标按钮，用户也可以根据使用习惯打开"标注"菜单栏"标注"工具栏等工具，标注诸如直线、圆弧和多段线线段之类的对象，或者标注点与点的距离。标注的主要类型如图 6-2 所示。

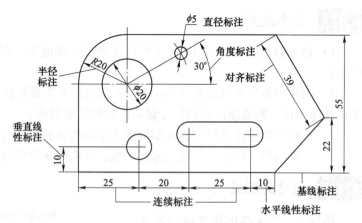

图 6-2　标注的主要类型

6.2.1 标注

AutoCAD 2024 中的"标注（OIM）"命令，可以在同一命令任务中创建多种类型的标注。将指针悬停在标注对象上时，DIM 命令将自动预览要使用的合适标注类型。选择对象、线或点进行标注，然后单击绘图区域中的任意位置绘制标注。支持的标注类型包括垂直标注、水平标注、对齐标注、旋转的线性标注、角度标注、半径标注、直径标注、折弯半径标注、弧长标注、基线标注和连续标注。

1. 命令输入方式

命令行：DIM

选项卡："注释"选项卡→"标注"面板→

微课 6-1　DIM 标注

2. 操作步骤

命令:DIM ↲
选择对象或指定第一个尺寸界线原点或［角度（A）/基线（B）/连续（C）/坐标（O）/对齐（G）/分发（D）/图层（L）/放弃（U）］：

系统自动判别对象，选择标注命令。

6.2.2 线性尺寸标注和对齐尺寸标注

线性尺寸标注用于标注线段或两点之间的水平尺寸、垂直尺寸或旋转尺寸。对齐尺寸标注用于标注线段的长度或两点之间的距离，常用于标注斜线的长度。

微课 6-2 线性尺寸标注和对齐尺寸标注

1. 命令输入方式

线性尺寸标注：

命令行：DIMLINEAR

选项卡："注释"选项卡→"标注"
　　面板→ ⊢⊣ 线性

命令别名：DLI

对齐尺寸标注：

命令行：DIMALIGNED

选项卡："注释"选项卡→"标注"
　　面板→ ⟍ 对齐

命令别名：DAL

2. 操作步骤

除命令不同外，两者的操作步骤基本相同。下面以线性尺寸标注为例进行说明。

命令:DIMLINEAR ↲
指定第一条尺寸界线原点或<选择对象>：

（1）"指定第一条尺寸界线原点"选项

指定第一条尺寸界线原点或<选择对象>：(拾取第一条尺寸界线起始点)
指定第二条尺寸界线原点：(拾取第二条尺寸界线起始点)
指定尺寸线位置或
［多行文字（M）/文字（T）/角度（A）/水平（H）/垂直（V）/旋转（R）］：

用户可以作如下选择。

● 输入一点↲：确定尺寸线的位置。完成标注。

📖 说明：当两尺寸界线的起始点没有位于同一水平线或同一垂直线上时，可通过拖动鼠标的方式确定实现水平标注还是垂直标注。方法为：确定两尺寸界线的起始点后，使指针位于两尺寸界线的起始点之间，上下拖动鼠标，可实现水平标注；左右拖动鼠标，则实现垂直标注。

● 输入 M↲：利用多行文字方式输入并设置尺寸文字。
● 输入 T↲：利用单行文字方式输入并设置尺寸文字。
● 输入 A↲：确定尺寸文字的旋转角度。
● 输入 H↲：标注水平尺寸。
● 输入 V↲：标注垂直尺寸。
● 输入 R↲：指定尺寸线的旋转角度。

（2）"<选择对象>"选项

指定第一条尺寸界线原点或<选择对象>:↵

选择标注对象:

指定尺寸线位置或

[多行文字(M)/文字(T)/角度(A)]:

用户根据需要操作即可。

6.2.3 角度尺寸标注

微课 6-3　角度
尺寸标注

可以标注圆弧的圆心角、圆上某段圆弧的圆心角、两条不平行直线
的夹角或根据给定的三点标注角度。

1. 命令输入方式

命令行：DIMANGULAR

选项卡："注释"选项卡→"标注"面板→🛆角度

命令别名：DAN

2. 操作步骤

命令:DIMANGULAR ↵

选择圆弧、圆、直线或<指定顶点>:

（1）标注圆弧的圆心角

在上述命令下选择圆弧，将出现提示：

指定标注弧线位置或[多行文字(M)/文字(T)/角度(A)/象限点(Q)]:

在此提示下，用户可以选择：

● 输入一点↵，确定角度尺寸线的位置，完成标注。

● 用户根据需要输入 M、T 或 A 确定角度文字的输入方式或文字的旋转角度。

（2）标注圆上某段圆弧的圆心角

选择圆，将出现提示：

指定角的第二个端点:(输入一点)↵

指定标注弧线位置或[多行文字(M)/文字(T)/角度(A)/象限点(Q)]:

以下操作参照"（1）标注圆弧的圆心角"。

（3）两条不平行直线的夹角

选择直线，将出现提示：

选择第二条直线:(拾取一直线对象)↵

指定标注弧线位置或[多行文字(M)/文字(T)/角度(A)/象限点(Q)]:

以下操作参照"（1）标注圆弧的圆心角"。

（4）根据给定的三点标注角度

选择后直接按〈Enter〉键，则出现：

指定角的顶点:(捕捉角的顶点)↵

指定角的第一个端点:(捕捉角的一个端点)↵

指定角的第二个端点:(捕捉角的另一个端点)↵

指定标注弧线位置或[多行文字(M)/文字(T)/角度(A)/象限点(Q)]:

以下操作参照"（1）标注圆弧的圆心角"。

   📖 说明：当通过"多行文字（M）"或"文字（T）"选项重新确定尺寸文字时，只有在输入的尺寸文字加后缀"%%D"才能使标注出的角度值有度符号（°）。

6.2.4 直径标注和半径标注

直径标注用于标注圆及大于半圆的圆弧，半径标注用于标注半圆或小于半圆的圆弧。

1. 命令输入方式

直径标注：	半径标注：
命令行：DIMDIAMETER	命令行：DIMRADIUS
选项卡："注释"选项卡→"标注" 　　面板→⊘直径	选项卡："注释"选项卡→"标注" 　　面板→⌒半径
命令别名：DDI	命令别名：DRA

2. 操作步骤

除命令不同外，两者的操作步骤相同。下面以直径标注为例进行说明。

> 命令：DIMDIAMETER ↵
> 选择圆弧或圆：
> 指定尺寸线位置或[多行文字(M)/文字(T)/角度(A)]：

用户根据需要操作即可。

   📖 说明：当通过"多行文字（M）"或"文字（T）"选项重新确定尺寸文字时，只有在输入的尺寸文字加前缀"%%C"才能使标注出的直径尺寸有直径符号 φ。

      只有将尺寸标注样式的"调整"选项卡的"调整选项"选项组中的"箭头""文字"或"文字和箭头"选项选中，才能标注出如图6-3所示的尺寸外观。

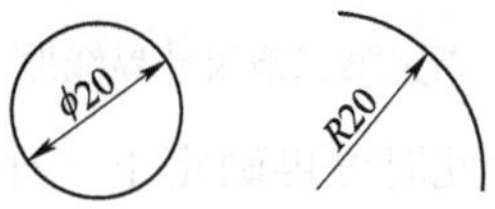

图6-3　直径和半径的标注

6.2.5 半径的折线标注

对于大圆弧的半径，可以用折线标注法标注半径。

1. 命令输入方式

命令行：DIMJOGGED

选项卡："注释"选项卡→"标注"面板→⌒已折弯

命令别名：DJO/JOG

2. 操作步骤

> 命令：DIMJOGGED ↵
> 选择圆弧或圆：
> 指定图示中心位置：
> 指定尺寸线位置或[多行文字(M)/文字(T)/角度(A)]：
> 指定折弯位置：

用户根据需要操作即可。

6.2.6 弧长标注

命令输入方式

命令行：DIMARC

选项卡："注释"选项卡→"标注"面板→ 弧长

微课 6-4　连续标注和
基线标注

6.2.7 连续标注和基线标注

连续标注是首尾相连的多个标注，即链接式标注。基线标注是自同一基线处测量的多个标注，即坐标式标注。

1. 命令输入方式

连续标注：

命令行：DIMCONTINUE

选项卡："注释"选项卡→"标注"
　　面板→ 连续

命令别名：DCO

基线标注：

命令行：DIMBASELINE

选项卡："注释"选项卡→"标注"
　　面板→ 基线

命令别名：DBA

2. 操作步骤

除命令不同外，两者的操作步骤相同。下面以连续标注方式为例进行说明。

> 命令：DIMCONTINUE ↙
> 指定第二条尺寸界线原点或[放弃(U)/选择(S)]<选择>：

在此提示下，确定下一个尺寸界线的起始点，系统按连续标注方式标注尺寸，即把上一个或所选标注的第二条尺寸界线作为新尺寸标注的第一条尺寸界线标注尺寸。而后有提示：

> 指定第二条尺寸界线原点或[放弃(U)/选择(S)]<选择>：

此时可再确定下一个尺寸界线的起始点。标注出全部尺寸后，在上述命令下按两次〈Enter〉键，结束命令的执行。

命令中的"放弃（U）"选项用于放弃上一次操作；"选择（S）"选项用于重新确定连续标注时共用的尺寸界线。执行该选项，将有提示：

> 选择连续标注：

在此提示下按〈Enter〉键，将退出命令的执行。如果选择尺寸界线，系统将继续提示：

> 指定第二条尺寸界线原点或[放弃(U)/选择(S)]<选择>：

用户根据需要操作即可。

6.2.8 形位公差标注

有两种方式可以标注形位公差，带引线的或不带引线的。带引线的形位公差使用 6.6.1 节介绍的 QLEADER 命令标注。使用 TOLERANCE 命令标注的是不带引线的形位公差。

微课 6-5　形位
公差标注

1. 命令输入方式

命令行：TOLERANCE

选项卡："注释"选项卡→"标注"面板→

命令别名：TOL

2. 操作步骤

执行 TOLERANCE 命令，将调出如图 6-4 所示的"形位公差"对话框。

对话框各选项含义如下。

● 符号：单击该列的■框，将打开"特征符号"对话框，如图 6-5 所示。用户可以选择所需要的符号。

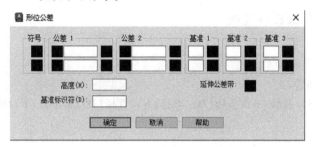

图 6-4 "形位公差"对话框

图 6-5 "特征符号"对话框

● 公差 1 和公差 2：用户可以在相应的文本框中输入公差值。单击该列前面的■框，可在该公差值之前加直径符号 ϕ；单击该列后面的■框，将打开"附加符号"对话框，如图 6-6 所示，用来为公差选择附加符号。

特征符号

附加符号

图 6-6 "附加符号"对话框

● 基准 1、基准 2 和基准 3：设置公差基准和相应的附加符号。

● "高度（H)"文本框：用于设置投影公差带值。

● 延伸公差带：单击■框，可在延伸公差带值后面添加延伸公差带符号。

● "基准标识符（D)"文本框：确定基准标识符。

6.2.9 圆心标记

给圆弧或圆添加圆心标记或中心线。

1. 命令输入方式

命令行：DIMCENTER

菜单栏：标注（N)→圆心标记（C)

选项卡："注释"选项卡→"标注"面板→⊕

命令别名：DCE

2. 操作步骤

命令：DIMCENTER ↵
选择圆弧或圆：(拾取圆弧或圆即可)

📖 说明：圆心标记的形式由系统变量 DIMCEN 控制。当变量的值大于 0 时，作圆心标记，且该值是圆心标记线的一半；当变量的值小于 0 时，画出中心线，且该值是圆心处小十字线的一半。

6.2.10 快速标注

可以快速创建成组的基线、连续、阶梯和坐标标注，快速标注多个圆、圆弧或编辑一系列标注。

1. 命令输入方式

命令行：QDIM

选项卡："注释"选项卡→"标注"面板→ 快速

2. 操作步骤

命令：QDIM ↵

选择要标注的几何图形：(用户做出选择后)↵

指定尺寸线位置或 [连续（C）/并列（S）/基线（B）/坐标（O）/半径（R）/直径（D）/基准点（P）/编辑（E）/设置（T）]：

命令行中各选项的含义如下。

- 连续（C）：创建一系列连续尺寸的标注。
- 并列（S）：按相交关系创建一系列并列尺寸的标注。
- 基线（B）：创建一系列基线尺寸的标注。
- 坐标（O）：创建一系列坐标尺寸的标注。
- 半径（R）/直径（D）：创建一系列半径或直径的标注。
- 基准点（P）：改变基线标注的基准线或改变坐标标注的零点值的位置。
- 编辑（E）：编辑快速标注的尺寸。
- 设置（T）：为指定尺寸界线原点设置默认对象捕捉方式。

6.3 尺寸标注样式设置

标注样式是保存的一组标注设置，它确定了标注的外观。通过创建标注样式，可以设置所有相关的标注系统变量，并且控制任意一个标注的布局和外观。

系统提供了"标注样式管理器"对话框（见图 6-7）创建和修改尺寸标注样式，调出方式如下。

命令行：DIMSTYLE

选项卡："注释"选项卡→"标注"面板→

"标注样式管理器"对话框

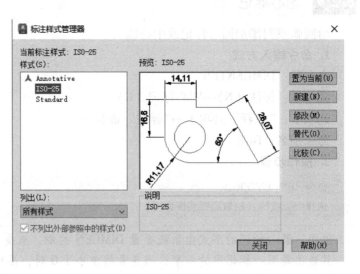

图 6-7 "标注样式管理器"对话框

中主要选项介绍如下。

- "置为当前（U）"按钮：将某样式设置为当前样式。
- "新建（N）"按钮：创建新样式。
- "修改（M）"按钮：修改某一样式。
- "替代（O）"按钮：设置当前样式的替代样式。
- "比较（C）"按钮：对两个尺寸样式做比较，或了解某一样式的全部特性。

6.3.1 新建标注样式

微课6-6 新建
标注样式

在"标注样式管理器"对话框中，单击"新建"按钮，打开"创建新标注样式"对话框（见图6-8），可以创建新标注样式。

该对话框包括如下选项。

- "新样式名（N）"文本框：用于输入新样式名字。
- "基础样式（S）"下拉列表框：用于选择一个基础样式，新样式将在此基础上修改而得。
- "用于（U）"下拉列表框：用于指定新建样式的适用范围，包括所有标注、线性标注、角度标注、半径标注、直径标注、坐标标注或引线与公差。

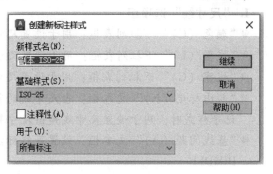

图6-8 "创建新标注样式"对话框

设置了新样式的名称、基础样式和适用范围后，单击对话框中的"继续"按钮，将打开"新建标注样式"对话框，如图6-9所示。

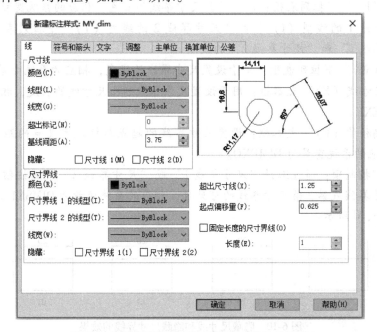

图6-9 "新建标注样式"对话框"线"选项卡

从对话框中可以看出，创建尺寸标注样式包括以下内容。

- "线"选项卡：设置尺寸线、尺寸界线的外观。
- "符号和箭头"选项卡：设置箭头和圆心标记、弧长符号及折线标注半径的角度。
- "文字"选项卡：设置标注文字的外观、位置和对齐方式。
- "调整"选项卡：设置文字与尺寸线的管理规则以及标注特征比例。
- "主单位"选项卡：设置主单位的格式和精度。
- "换算单位"选项卡：设置换算单位的格式和精度。
- "公差"选项卡：设置公差的格式和精度。

6.3.2 "线"选项卡

由图 6-9 所示可以看到，此选项卡由两个选项组组成。

1. "尺寸线"选项组

- "颜色（C）"下拉列表框：用于设置尺寸线的颜色，相应的系统变量为 DIMCLRD。
- "线型（L）"下拉列表框：用于设置尺寸线的线型，该选项没有相应的系统变量。
- "线宽（G）"下拉列表框：用于设置尺寸线的线宽，相应的系统变量为 DIMLWD。
- "超出标记（N）"文本框：当尺寸线的箭头采用倾斜、建筑标记、小点、积分或无标记等样式时，用于设置尺寸线超出尺寸界线的长度，相应的系统变量为 DIMDLE。
- "基线间距（A）"文本框：设置基线标注时各尺寸线之间的距离，相应的系统变量为 DIMDLI。
- "隐藏"控制项：通过选择"尺寸线 1"或"尺寸线 2"复选按钮，可以控制第 1 段尺寸线或第 2 段尺寸线的可见性，相应的系统变量为 DIMSD1 和 DIMSD2。如图 6-10a、b 所示。

2. "尺寸界线"选项组

- "颜色（R）"下拉列表框：用于设置尺寸界线的颜色，相应的系统变量为 DIMCLRE。
- "尺寸界线 1 的线型（I）"和"尺寸界线 2 的线型（T）"下拉列表框：用于设置"尺寸界线 1"和"尺寸界线 2"的线型。
- "线宽（W）"下拉列表框：用于设置尺寸界线的线宽，相应的系统变量为 DIMLWE。
- "超出尺寸线（X）"文本框：用于设置尺寸界线超出尺寸线的长度，相应的系统变量为 DIMEXE。
- "起点偏移量（F）"文本框：设置尺寸界线的起点与标注定义点的距离，一般设为零，相应的系统变量为 DIMEXO。
- "隐藏"控制项：通过选择"尺寸界线 1"或"尺寸界线 2"复选按钮，可以控制第 1 条尺寸界线或第 2 条尺寸界线的可见性。相应的系统变量为 DIMSE1 和 DIMSE2，如图 6-10c、d 所示。

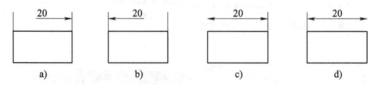

图 6-10　隐藏尺寸线和隐藏尺寸界线的效果

6.3.3 "符号和箭头"选项卡

"新建标注样式"对话框中，单击"符号和箭头"打开"符号和箭头"选项卡，如图 6-11 所示。此选项卡由 6 个选项组组成：

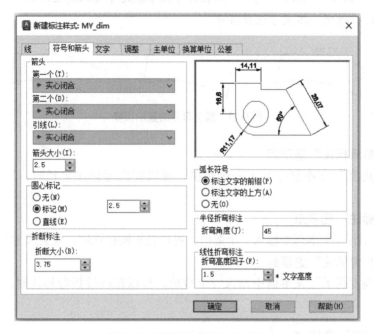

图 6-11 "符号和箭头"选项卡

1. "箭头"选项组

可以设置尺寸线和引线箭头的样式和大小。

为了适应不同类型的图形标注需要，AutoCAD 提供了 20 多种箭头样式，用户可以从对应的下拉列表中选择箭头，并在"箭头大小（I）"文本框中设置其大小，相应的系统变量为 DIMASZ。

用户也可以使用自定义箭头。方法为：在箭头下拉列表框中选择"用户箭头"，打开"选择自定义箭头块"对话框，如图 6-12 所示，在"从图形块中选择"文本框内输入当前图形中已有的块名，然后单击"确定"按钮，Auto-CAD 将以该块作为尺寸线的箭头样式。此时块的插入基点与尺寸线的端点重合。

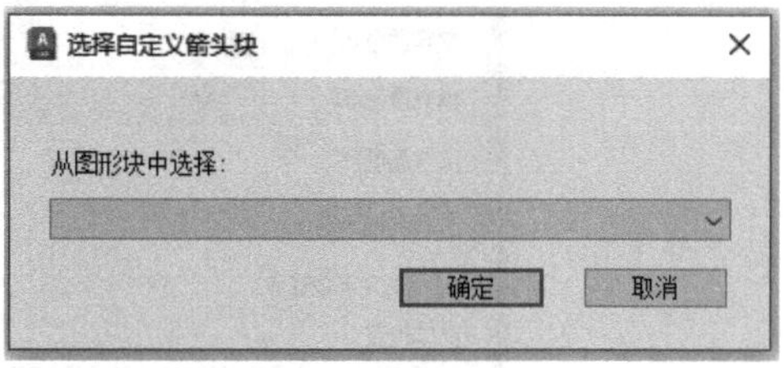

图 6-12 "选择自定义箭头块"对话框

2. "圆心标记"选项组

1）有三个选项可以设置圆心标记的类型，相应的系统变量为 DIMCEN。

● 标记（M）：对圆或圆弧绘制圆心标记。

● 直线（E）：对圆或圆弧绘制中心线。

● 无（N）：没有任何标记。

2）大小文本框：设置圆心标记的大小。

3. "弧长符号"选项组

可以设置弧长符号的显示位置，如图 6-13 所示。

● "标注文字的前缀（P）"选项：弧长符号显示在尺寸文本之前。

● "标注文字的上方（A）"选项：弧长符号显示在尺寸文本之上。

● "无（O）"选项：不显示弧长符号。

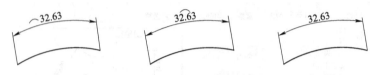

图 6-13   弧长符号的显示位置

4. "半径折弯标注"选项组

在"折弯角度"文本框中输入一个数值，可以在折弯标注半径时，设置折线的弯折角度。

5. "折断标注"选项组

在"折断大小"文本框中输入一个数值，可以在折断标注时，设置尺寸线之间的距离。

6. "线性折弯标注"选项组

在"折弯高度因子"文本框中输入一个数值，可以在线性折弯标注时，设置折线的弯折高度。

6.3.4   "文字"选项卡

"新建标注样式"对话框中，单击"文字"打开"文字"选项卡，如图 6-14 所示。此选项卡由三个选项组组成。

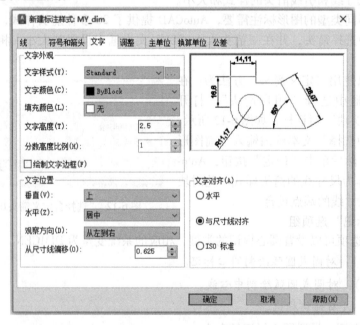

图 6-14   "文字"选项卡

1. "文字外观"选项组

- "文字样式（Y）"下拉列表框：用于选择标注文字的样式。也可以单击列表框右侧的 按钮，打开"文字样式"对话框，选择文字样式或新建文字样式，相应的系统变量为 DIMTXSTY。

- "文字颜色（C）"下拉列表框：用于设置标注文字的颜色，相应的系统变量为 DIM-CLRT。

- "填充颜色（L）"下拉列表框：用于设置标注文字的背景颜色。

- "文字高度（T）"文本框：用于设置标注文字的高度，相应的系统变量为 DIMTXT。

- "分数高度比例（H）"文本框：设置标注文字中的分数相对于其他标注文字的比例，系统将该比例值与标注文字高度的乘积作为分数的高度。

- "绘制文字边框（F）"复选按钮：用于设置是否给标注文字加边框，如12。

2. "文字位置"选项组

1）"垂直（V)"下拉列表框：用于设置标注文字相对于尺寸线在垂直方向的位置。

- 居中：将文字放在尺寸线的中间，如12。

- 上：将文字放在尺寸线的上方，如12。

- 外部：将文字放在远离第一定义点的尺寸线的一侧，如12。

- JIS：按 JIS 规则放置标注文字。

相应的系统变量为 DIMTAD，其对应值分别为 0、1、2、3。

2）"水平（Z)"下拉列表框：用于设置标注文字相对于尺寸线和尺寸界线在水平方向的位置。

- 居中：将标注文字放在尺寸线的中部，如12。

- 第一条尺寸界线：靠近第一条尺寸界线，如12。

- 第二条尺寸界线：靠近第二条尺寸界线，如12。

- 第一条尺寸界线上方：如12。

- 第二条尺寸界线上方：如12。

- 相应的系统变量为 DIMLJUST，其对应值分别为 0、1、2、3、4。

3）"观察方向（D)"下拉列表框：设置标注文字的观察方向。

- 从左到右：从左到右观察标注文字，如12。

- 从右到左：从右到左观察标注文字，如12。

4）"从尺寸线偏移（O）"文本框：设置标注文字与尺寸线之间的距离。如果标注文字位于尺寸线的中间，则表示断开处尺寸线的端点与尺寸文字的间距。若标注文字带有边框，则可以控制文字边框与其中文字的距离。

3. "文字对齐（A）"选项组

设置标注文字是保持水平还是与尺寸线平行。

- 水平：选中该单选按钮时，标注文字水平放置。

- 与尺寸线对齐：选中该单选按钮时，标注文字方向与尺寸线平行。

- ISO 标准：选中该单选按钮时，标注文字按 ISO 标准放置，当文字在尺寸界线之内时，其方向与尺寸线一致，在尺寸界线之外时将水平放置。

6.3.5 "调整"选项卡

"新建标注样式"对话框中，单击"调整"打开"调整"选项卡，如图 6-15 所示。此选项卡由 4 个选项组组成。

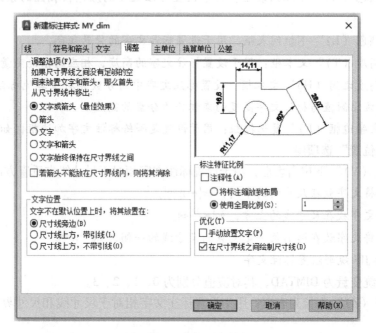

图 6-15 "调整"选项卡

1. "调整选项"选项组

当尺寸界线之间没有足够的空间同时放置尺寸文字和箭头时，确定应首先从尺寸界线之间移出的对象。

- ● "文字或箭头（最佳效果）"单选按钮：按最佳效果自动移出文本或箭头。
- ● "箭头"单选按钮：首先移出箭头。
- ● "文字"单选按钮：首先移出文字。
- ● "文字和箭头"单选按钮：将文字和箭头都移出。
- ● "文字始终保持在尺寸界线之间"单选按钮：将文字始终保持在尺寸界线之内，相应的系统变量为 DIMTIX。
- ● "若箭头不能放在尺寸界线内，则将其消除"复选按钮：可以控制是否显示箭头，相应的系统变量为 DIMSOXD。

2. "文字位置"选项组

设置当文字不在默认位置时的位置。

- ● "尺寸线旁边（B）"单选按钮：将文本放在尺寸线一旁，如 ─┤├─²。
- ● "尺寸线上方，带引线（L）"单选按钮：将文本放在尺寸线的上方，并加上引线，如 ─┤├─²。

- "尺寸线上方，不带引线（O）"单选按钮：将文本放在尺寸线的上方，不加上引线，如 ──┴──。

3. "标注特征比例"选项组

设置标注尺寸的特征比例。此比例可以影响大小，如文字高度和箭头大小，还可以影响偏移，如尺寸界线原点偏移。

- "将标注缩放到布局"单选按钮：根据当前模型空间视口与图纸空间之间的关系设置比例，此时 DIMSCALE 值为 0。
- "使用全局比例（S）"单选按钮：可以对全部尺寸设置缩放比例，而不改变尺寸的测量值，相应的系统变量为 DIMSCALE。

4. "优化（T）"选项组

可以对标注文字和尺寸线进行细微调整。

- "手动放置文字（P）"复选按钮：选中该复选按钮，则忽略标注文字的水平设置，标注时将文字放在用户指定的位置。
- "在尺寸界线之间绘制尺寸线（D）"复选按钮：选中该复选按钮，当箭头放在尺寸界线之外时，也在尺寸界线之间绘制尺寸线。

6.3.6 "主单位"选项卡

"新建标注样式"对话框中，单击"主单位"打开"主单位"选项卡，如图 6-16 所示。此选项卡由两个选项组组成。

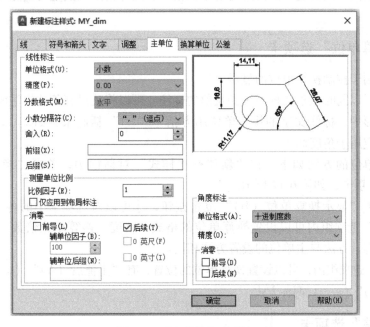

图 6-16 "主单位"选项卡

1. "线性标注"选项组

设置线性标注的单位格式与精度。

- "单位格式（U）"下拉列表框：设置除角度标注之外的各标注类型的尺寸单位。包括"科学""小数""工程""建筑""分数"及"Windows 桌面"各选项，相应的系统变量为 DIMUNIT。
- "精度（P）"下拉列表框：设置除角度标注外其他尺寸的尺寸精度，相应的系统变量为 DIMTDEC。
- "分数格式（M）"下拉列表框：当单位格式是分数时，用于设置分数的格式，包括水平、对角和非堆叠，相应的系统变量为 DIMFARC。
- "小数分隔符（C）"下拉列表框：设置小数的分隔符，格式包括逗点、句点和空格，相应的系统变量为 DIMDSEP。
- "舍入（R）"文本框：设置除角度标注外的尺寸测量值的舍入值，相应的系统变量为 DIMRND。
- "前缀（X）"和"后缀（S）"文本框：用于设置标注文字的前缀和后缀，在文本框中输入字符即可。
- "测量单位比例"子选项组。
  ① "比例因子（E）"文本框：用于设置测量尺寸的缩放比例。
  ② "仅应用到布局标注"复选按钮：设置的比例关系仅应用于图纸空间。
- "消零"子选项组：可以控制是否显示尺寸标注中的前导和后续零。

2. "角度标注"选项组

在此选项组内可以设置标注角度时的单位格式、尺寸精度以及是否消除角度尺寸的前导和后续零。

6.3.7 "换算单位"选项卡

此选项卡用于控制换算单位的显示。

AutoCAD 可以同时创建两种系统测量值的标注。可以将英尺和英寸标注添加到使用公制单位创建的图形中。标注文字的换算单位用方括号"[ ]"括起来，如 ⊢⊣ 12 [0.472]，不能将换算单位应用于角度标注。

显示换算单位的方法如下：在"新建标注样式"对话框中，单击"换算单位"打开"换算单位"选项卡，如图 6-17 所示。

只有选择了"显示换算单位（D）"复选按钮，才可以对选项卡中的各选项进行设置。在"换算单位"选项组内可以设置换算单位的格式、精度、换算单位倍数、舍入精度、前缀及后缀等内容，方法与主单位的设置方法相同。

在"位置"选项组内，可以设置换算单位的位置，有"主值后（A）"（⊢ 12 [0.472]）和"主值下（B）"（12 [0.472]）两种方式。

6.3.8 "公差"选项卡

在"新建标注样式"对话框中，单击"公差"打开"公差"选项卡，如图 6-18 所示。

1. "公差格式"选项组

在该选项组可以设置公差的标注格式。

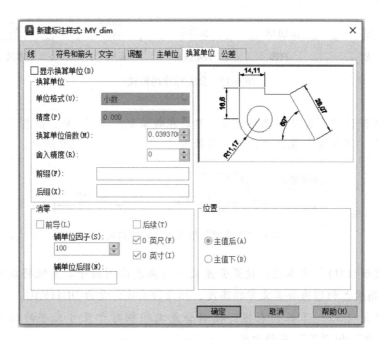

图 6-17 "换算单位"选项卡

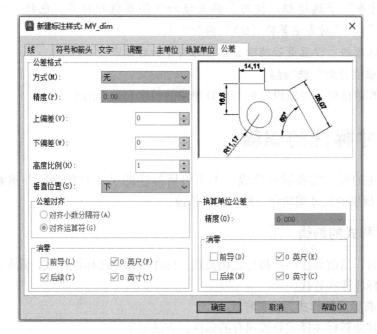

图 6-18 "公差"选项卡

- "方式（M）"下拉列表框：设置以何种形式标注公差。包括"无""对称""极限偏差""极限尺寸"和"基本尺寸"等选项。公差标注的形式如图 6-19 所示。
- "精度（P）"下拉列表框：设置尺寸公差的精度。
- "上偏差（V）"和"下偏差（W）"文本框：设置尺寸的上极限偏差、下极限偏差，相应的系统变量分别为 DIMTP 和 DIMTM。

图 6-19　公差标注的形式

📖 说明：系统默认"下偏差"值为负值，自动在数值前加"-"号。如果"下偏差"值为正值，则在"下偏差"值之前，用户应输入"-"号。如图 6-20 所示。

图 6-20　"下偏差"值为正值时的输入方式

- "高度比例（H）"文本框：设置公差文字的高度比例因子。系统将该比例因子与尺寸文字高度之积作为公差文字的高度，相应的系统变量为 DIMTFAC。
- "垂直位置（S）"下拉列表框：控制公差文字相对于尺寸文字的位置，可以选择"上""中"和"下"三种方式。
- "公差对齐"子选项组：控制上偏差值和下偏差值的对齐，包括"对齐小数分隔符（A）"和"对齐运算符（G）"两种方式。
- 消零子选项组：设置是否消除公差值的前导和后续零。

2. "换算单位公差"选项组

当标注换算单位时，可以设置公差换算单位的精度和是否消零。

6.4　尺寸标注的编辑

如果已标注的尺寸需要进行修改，不用将所标注的尺寸对象删除并重新标注，利用 AutoCAD 2024 提供的尺寸编辑命令即可进行修改。

6.4.1　尺寸样式的编辑

创建标注时，当前标注样式将与之相关联。标注将保持此标注样式，除非对其应用新标注样式或设置标注样式替代。

1. 更新现有标注的样式为当前样式

通过应用其他新标注样式修改现有的标注，方法如下。

（1）命令输入方式

命令行：-DIMSTYLE

选项卡："注释"选项卡→"标注"面板→⊡

（2）操作步骤

首先将某样式设置为当前样式，方法如下。

- 利用"标注样式管理器"对话框设置。

● 利用工具栏标注→ user "尺寸样式"控制下拉列表框设置。

> 命令:-DIMSTYLE ↵
> 输入标注样式选项
> [注释性(AN)/保存(S)/恢复(R)/状态(ST)/变量(V)/应用(A)/?]<恢复>:_APPLY
> 选择对象:(选择欲更新的尺寸对象)↵
> 选择对象:↵(按〈Enter〉键即完成更新操作)

2. 标注样式替代

标注样式替代是指对当前标注样式中的指定设置进行修改,从而产生一个替代样式。它与在不修改当前标注样式的情况下修改尺寸标注系统变量等效。替代将应用到后续创建的标注,直到撤销替代或将其他标注样式置为当前为止。若替代现有标注,需要用 UPDATE 命令将其更新。下面介绍三种替代方法。

(1) 利用"标注样式管理器"对话框进行样式替代,操作步骤如下

1) 调出"标注样式管理器"对话框。

2) 单击"替代"按钮。

3) 选择要替代的设置项进行修改即可。

(2) 利用命令对尺寸系统变量进行样式替代

1) 命令输入方式。

命令行:DIMOVERRIDE

命令别名:DOV

2) 操作步骤。

> 命令:DIMOVERRIDE ↵
> 输入要替代的标注变量名或[清除替代(C)]:

①上述命令下输入要修改的系统变量名后按〈Enter〉键,系统提示:

> 输入标注变量的新值:(输入新值)↵
> 输入要替代的标注变量名:↵(也可以继续输入另一个系统变量名,重复上面的操作)
> 选择对象:(选择对象)
> 选择对象:↵(也可以继续选择对象)

②输入要替代的标注变量名或[清除替代(C)]:(输入C)↵
此命令的意义为清除样式替代,恢复成替代前的样式。

(3) 利用"特性"选项板进行样式替代,操作步骤如下

1) 调出"特性"选项板。

2) 选择要修改的尺寸对象。

3) 选择要替代的设置项进行修改即可。

6.4.2 修改尺寸文字或尺寸线的位置

1. 命令输入方式

命令行:DIMTEDIT

"标注"面板→

微课6-7 修改尺寸文字或
尺寸线的位置

2. 操作步骤

命令：DIMTEDIT ↵

选择标注：(选择尺寸对象)

指定标注文字的新位置或[左(L)/右(R)/中心(C)/默认(H)/角度(A)]：

命令行中各选项的含义如下。

● 指定标注文字的新位置：确定尺寸文字的新位置。如果文字沿着垂直于尺寸线的方向移动，尺寸线将跟随移动。

● 左(L)/右(R)：仅对非角度标注起作用。分别决定尺寸文字沿着尺寸线左对齐或右对齐。

● 中心(C)：将尺寸文字放在尺寸线的中间。

● 默认(H)：按默认位置、方向放置尺寸文字。

● 角度(A)：使尺寸文字旋转一角度。

6.4.3 编辑尺寸

1. 命令输入方式

命令行：DIMEDIT

选项卡："注释"选项卡→"标注"面板→ ⊬

2. 操作步骤

命令：DIMEDIT ↵

输入标注编辑类型[默认(H)/新建(N)/旋转(R)/倾斜(O)]<默认>：

命令行中各选项的含义如下。

● 默认(H)：按默认位置、方向放置尺寸文字。

● 新建(N)：修改尺寸文字。

● 旋转(R)：将尺寸文字旋转指定角度。

● 倾斜(O)：使非角度标注的尺寸界线旋转指定角度。

6.5 尺寸关联

6.5.1 尺寸关联的概念

微课6-8　尺寸关联

尺寸关联是指所标注尺寸与被标注对象有关联关系。其含义为：如果标注的尺寸值是按自动测量值标注，且标注是在尺寸关联模式下完成的，那么改变被标注对象的大小后，相应的标注尺寸也发生变化。并且，改变尺寸界线起始点的位置，尺寸值也会发生变化，如图6-21所示。

6.5.2 尺寸关联标注模式及相应系统变量

利用系统变量DIMASSOC，用户可以方便地设置尺寸标注时的关联模式，见表6-1。

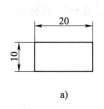
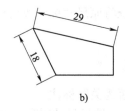
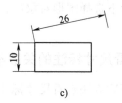

图 6-21　尺寸关联

a）标注实例　b）尺寸值随对象的大小而变化　c）尺寸值随尺寸界线的起始点位置而变化

表 6-1　尺寸关联模式及系统变量

关联模式	DIMASSOC 值	功　能
关联标注	2	尺寸与被标注对象有关联关系
无关联标注	1	尺寸与被标注对象无关联关系
分解的标注	0	尺寸是单个对象而不是块，相当于对一个尺寸对象执行 EXPLODE 命令

6.5.3 重新关联

对不是关联标注的尺寸标注进行关联。

1. 命令输入方式

命令行：DIMREASSOCIATE

选项卡："注释"选项卡→"标注"面板→ ⌐

2. 操作步骤

命令：DIMREASSOCIATE ↵
选择要重新关联的标注 …
选择对象：（选择尺寸对象）
指定第一个尺寸界线原点或［选择对象（S）］<下一个>：

命令行中各选项的含义如下。

（1）指定第一个尺寸界线原点

要求用户确定第一条尺寸界线的起始点位置，同时把所选尺寸标注的第一条尺寸界线的起始点位置用一个小叉"×"标示出来。如果继续以该点作为尺寸界线的起始点，按〈Enter〉键：如果选择新的点作为尺寸界线的起始点，在此提示下确定相应的点。系统将提示：

指定第二个尺寸界线原点<下一个>：

要求用户确定第二条尺寸界线的起始点位置，同时把所选尺寸标注的第二条尺寸界线的起始点位置用一个小叉"×"标示出来。如果继续以该点作为尺寸界线的起始点，按〈Enter〉键：如果选择新的点作为尺寸界线的起始点，在此提示下确定相应的点。

确定两个起始点后，命令结束，并将新的尺寸标注与原被标注对象建立关联。

（2）选择对象（S）

重新确定要关联的图形对象。选择该选项，系统提示：

选择对象：

在此提示下选择图形对象后，系统将原尺寸标注改为对所选对象的标注，并对标注建立关联关系。

6.5.4 查看尺寸标注的关联模式

可以用下述方法查看尺寸标注是否为关联标注。

1）利用"特性"选项板进行查看。选择尺寸对象，调出"特性"选项板，其中的关联特性值可说明该尺寸标注是否为关联标注。

2）使用 LIST 命令查看尺寸标注的关联特性设置。

6.6 引线标注

AutoCAD 2024 在草图与注释空间"注释"选项卡下有"引线"面板，可以标注引线和注释，而且引线和注释可以有多种格式。

6.6.1 快速引线标注

1. 命令输入方式

命令行：QLEADER

2. 操作步骤

命令:QLEADER ↵

指定第一个引线点或[设置(S)]<设置>:

（1）"<设置>"选项

在上述命令下，直接按〈Enter〉键，即进入"引线设置"对话框（见图 6-22），可以设置引线标注的格式。

对话框中各选项卡的功能如下。

1）"注释"选项卡。

① "注释类型"选项组：设置引线标注的类型。

- "多行文字（M）"单选按钮：注释是多行文字。

- "复制对象（C）"单选按钮：注释是由复制多行文字、文字、块参照或公差等对象获得的。

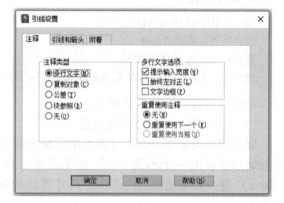

图 6-22 "引线设置"对话框"注释"选项卡

- "公差（T）"单选按钮：注释是形位公差。

- "块参照（B）"单选按钮：注释是块参照。

- "无（O）"单选按钮：没有注释。

② "多行文字选项"选项组：设置多行文字的格式。

- "提示输入宽度（W）"复选按钮：提示输入多行文字的宽度。

- "始终左对正（L）"复选按钮：多行文字注释为左对齐。

● "文字边框（F）" 复选按钮：给多行文字注释加边框。

③ "重复使用注释" 选项组：确定是否重复使用注释。

● "无（N）" 单选按钮：不重复使用注释。

● "重复使用下一个（E）" 单选按钮：重复使用下一个注释。

● "重复使用当前（U）" 单选按钮：重复使用当前注释。

2）"引线和箭头" 选项卡。

设置引线和箭头的格式。"引线和箭头" 选项卡如图 6-23 所示。

● "引线" 选项组：确定引线是直线（S）还是样条曲线（P）。

● "点数" 选项组：设置引线端点数的最大值。其中，"最大值" 文本框用于确定具体
  数值，也可以选择 "无限制" 选项。

● "箭头" 下拉列表框：设置引线起始点处的箭头样式。

● "角度约束" 选项组：对第一段和第二段引线设置角度约束，从相应的下拉列表中选
  择即可。

3）"附着" 选项卡。

确定多行文字注释相对于引线终点的位置，"附着" 选项卡如图 6-24 所示。

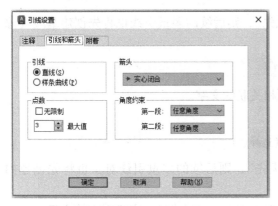

图 6-23 "引线和箭头" 选项卡

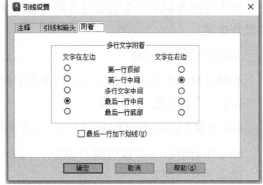

图 6-24 "附着" 选项卡

① "多行文字附着" 选项组：根据文字在引线的左边或右边分别通过相应的单选按钮
进行设置。

● 第一行顶部：文字第一行的顶部与引线终点对齐。

● 第一行中间：文字第一行的中间与引线终点对齐。

● 多行文字中间：文字的中间与引线终点对齐。

● 最后一行中间：文字最后一行的中间与引线终点对齐。

● 最后一行底部：文字最后一行的底部与引线终点对齐。

② "最后一行加下划线（U）" 复选按钮：确定是否给文字注释的最后一行加下画线。

（2）指定第一个引线点

此默认项用来确定引线的起始点，然后用户按照提示操作即可。

6.6.2 多重引线标注

利用多重引线标注功能，可以添加、删除引线，还可以多重引线对齐或合并引线。

1. 命令输入方式

命令行：MLEADER

选项卡："注释"选项卡→"引线"面板→ /°

2. 操作步骤

命令：MLEADER ↵

指定引线箭头的位置或[引线基线优先(L)/内容优先(C)/选项(O)]<选项>：

多重引线的创建样式有"箭头优先""引线基线优先"或"内容优先"。如果已使用"多重引线"样式，则可以从该指定样式创建多重引线。

（1）"指定引线箭头的位置"选项（箭头优先）

指定多重引线对象箭头的位置：(选择点)

指定引线基线的位置：

如果此时退出命令，则不会有与多重引线相关联的文字。

（2）"引线基线优先（L）"选项

指定多重引线对象的基线的位置：(选择点)

如果先前绘制的多重引线对象是"基线优先"，则后续的多重引线也将先创建基线（除非另外指定）。

指定引线箭头的位置：

如果此时退出命令，则不会有与多重引线相关联的文字。

（3）"内容优先（C）"选项

指定与多重引线对象相关联的文字或块的位置：(选择点)

如果先前绘制的多重引线对象是"内容优先"，则后续的多重引线对象也将先创建内容（除非另外指定）。

将与多重引线对象相关联的文字标签的位置设置为"文本框"。完成文字输入后，单击"确定"按钮或在文本框外单击。也可以如上所述，选择以"引线基线优先"的方式放置多重引线对象。

如果此时选择"端点"，则不会有与多重引线对象相关联的基线。

（4）"选项（O）"选项

指定用于放置多重引线对象的选项。

输入选项[引线类型(L)/引线基线(A)/内容类型(C)/最大点数(M)/第一个角度(F)/第二个角度(S)/退出选项(X)]：

1）引线类型（L）：指定要使用的引线类型。选择该选项后系统提示：

输入选项[类型(T)/基线(L)]：

● 类型（T）：指定直线、样条曲线或无引线。选择该选项后系统提示：

选择引线类型[直线(S)/样条曲线(P)/无(N)]：

● 基线（L）：更改水平基线的距离。

2）引线基线（A）。选择该选项后系统提示：

使用基线[是(Y)/否(N)]：

如果此时选择"否"，则不会有与多重引线对象相关联的基线。

3）内容类型（C）。指定要使用的内容类型。选择该选项后系统提示：

输入内容类型[块(B)/无(N)]：

● 块（B）：指定图形中的块，以与新的多重引线相关联。选择该选项后系统提示：

输入块名称：

● 无（N）：指定"无"内容类型。

4）最大点数（M）。指定新引线的最大点数。选择该选项后系统提示：

输入引线的最大点数或<无>：

5）第一个角度（F）。约束新引线中的第一个点的角度。选择该选项后系统提示：

输入第一个角度约束或<无>：

6）第二个角度（S）。约束新引线中的第二个角度。选择该选项后系统提示：

输入第二个角度约束或<无>：
退出选项

返回到第一个 MLEADER 命令提示。

6.6.3　多重引线样式管理器

多重引线样式是指保存的一组引线设置，它确定了引线的外观。通过创建多重引线样式，可实现任意一个引线的布局和外观。系统提供了"多重引线样式管理器"对话框（见图 6-25）创建和修改引线样式，调出方式如下。

命令行：MLEADERSTYLE

选项卡："注释"选项卡→"引线"面板→

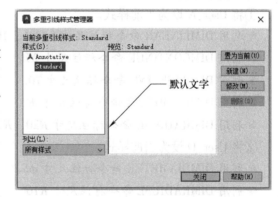

图 6-25　"多重引线样式管理器"对话框

6.7　尺寸标注示例

1. 尺寸标注的步骤

1）为尺寸标注对象建立一个专用层。
2）为尺寸标注设置一种文字样式。
3）根据尺寸外观的需要设置尺寸标注的样式。
4）利用相应的命令进行尺寸标注。

微课6-9　尺寸标注示例

2. 完成如图 6-26 所示的尺寸标注

1）建立一个新层，名称为 Dim，并将其设为当前层。

2）将文字样式设置为 ISOCPEUR。

3）设置尺寸标注样式。

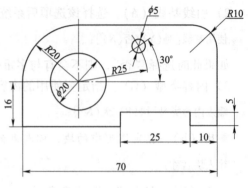

图 6-26　尺寸标注示例

①新建 User_N，用于一般尺寸标注。其与默认样式 ISO-25 不同的设置如下。

- "线" 选项卡："基线间距" 设为 "7"；"超出尺寸线" 设为 "2"；"起点偏移量" 设为 "0"。

- "调整" 选项卡：选中 "调整选项" 选项组中的 "箭头" 或 "文字" 单选项，"优化" 选项组选中 "手动放置文字" 复选按钮。

②新建 User_O，用于引出水平标注的尺寸。其与 User_N 不同的设置如下。

- "文字" 选项卡：选中 "文字对齐" 选项组的 "水平" 单选按钮。

- "调整" 选项卡：选中 "文字位置" 选项组中的 "尺寸线上方，带引线" 单选按钮。

③新建 User_A，用于标注角度尺寸。其与 User_N 不同的设置如下。

"文字" 选项卡：选择 "文字位置" 选项组 "垂直" 下拉列表中的 "居中"；选中 "文字对齐" 选项组中的 "水平" 单选按钮。

4）标注尺寸。

①将 User_N 设为当前样式。

- 利用 DIMLINEAR 命令标注尺寸 5、16、10。

- 利用 DIMCONTINUE 命令标注尺寸 25。

- 利用 DIMBASELINE 命令标注尺寸 70。

- 利用 DIMDIAMETER 命令标注尺寸 $\phi20$。

- 利用 DIMRADIUSE 命令标注尺寸 R20、R25。

②将 User_O 设为当前样式。

- 利用 DIMDIAMETER 命令标注尺寸 $\phi5$。

- 利用 DIMRADIUSE 命令标注尺寸 R10。

③将 User_A 设为当前样式，利用 DIMANGULAR 命令标注角度尺寸 30°。

6.8　习题

1. 画出如图 6-27 所示的尺寸标注。

2. 绘制如图 6-28 所示的齿轮零件图，并进行标注。

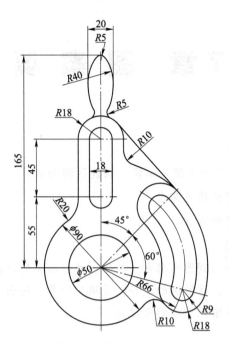

图 6-27　尺寸标注练习

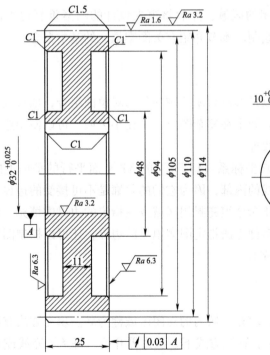

图 6-28　齿轮零件图

第7章 图案填充

本章主要内容:

- 图案填充的概念与特点
- "图案填充创建"与"图案填充编辑"功能区的面板
- 填充图案定义和自定义填充图案
- 创建无边界图案填充的步骤
- 截面视图样式管理器

在绘制图形时,经常会遇到图案填充,例如,绘制物体的剖视图或断面,需要使用某种图案来填充某个指定的区域,该区域的边界就是填充边界。用图案填充来区分工程的部件或表示组成对象的材质,能够增强图形的可读性。

7.1 图案填充的概念与特点

在绘制图形时,选择一个封闭的区域,然后将事先设计的图案重复地平铺填充到该区域,以实现各种图形图案的快速绘制。本节介绍有关图案填充的基本概念。

7.1.1 填充边界

在图案填充时,填充边界可以是形成封闭区域的任意对象的组合,如直线、圆弧、圆和多段线,也可以指定点定义边界。如果在复杂图形上填充小区域,可以使用边界集加快填充速度,边界和面域可以作为填充边界。

图案填充仅可以填充与"用户坐标系(UCS)"的 *XY* 平面平行的平面上的对象,不能填充具有宽度和实体填充的多段线的内部,因为它们的轮廓是不可接受的边界。

可以使用 BHATCH 和 HATCH 命令填充封闭区域或在指定的边界内填充。当用 BHATCH 命令创建图案填充时,可以选择多种方法指定图案填充的边界,还可以控制图案填充是否随边界的更改而自动调整(关联填充)。

7.1.2 填充方式

在进行图案填充时,把位于总填充区域内的封闭区域称为岛。填充方式有如下三种。

1)普通方式:如图 7-1a 所示,在该方式下,从边界开始,每条填充线或每个填充符号由边界向中间延伸,遇到内部对象与之相交时填充图案断开,直到下一次相交时再继续延伸。该方式为系统默认方式。

2)最外层方式:如图 7-1b 所示,在该方式下,填充图案从边界向中间延伸,只要和内部对象相交,图案由此断开,而不再延伸。

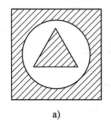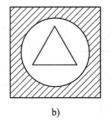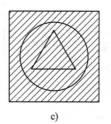

图 7-1　填充方式

a）普通方式　b）最外层方式　c）忽略方式

3）忽略方式：如图 7-1c 所示，该方式忽略内部所有对象，所有内部结构都被图案覆盖。

当填充图案经过块时，AutoCAD 不再把它看作一个对象，而是把组成块的各个成员当作各自独立的对象。但选择填充对象时，仍把块作为一个对象处理。

7.1.3　填充图案

填充图案有多种，除了使用预定义的填充图案、当前的线型定义简单的直线图案外，还可以创建更加复杂的填充图案。在 AutoCAD 2024 中还可以创建渐变填充。渐变填充在一种颜色的不同灰度之间或两种颜色之间使用过渡，可增强演示图形的效果，使其呈现光在对象上的反射效果，也可以用作徽标中的有趣背景。

AutoCAD 中，无论一个图案多么复杂，系统都认为是一个独立的对象，可以作为整体进行操作。但是如果用命令将其分解，则图案的构成被分解成许多独立的对象，同时也增加了文件的数据量。

7.2　功能区"图案填充创建"的面板

打开功能区"图案填充创建"面板的方式如下。

命令行：BHATCH

命令别名：BH

默认功能区→"绘图"选项卡→"图案填充"

选项列表将显示以下面板和选项，如图 7-2 所示。

图 7-2　功能区"图案填充创建"的面板

7.2.1　"边界"面板

位于最左边的是"边界"面板，如图 7-3 所示。

微课 7-1　"边界"面板

● "拾取点"通过选择由一个或多个对象形成的封闭区域内的点，确定图案填充边界，如图 7-4 所示。

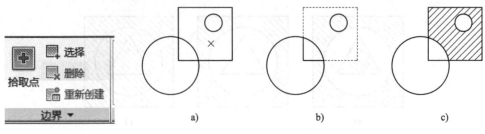

图 7-3 "边界"面板

图 7-4 "拾取点"填充

a）选定内部点 b）图案填充边界 c）结果

● "选择"通过选定对象确定边界，向图案填充区域添加选定的图案，如图 7-5 所示。

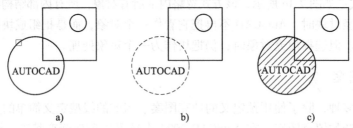

图 7-5 选定对象确定填充边界

a）选定对象 b）图案填充边界 c）结果

使用该选项时，不会自动检测内部对象，必须选择选定边界内的对象，以便按照当前孤岛检测样式填充这些对象。为了在文字周围创建不填充的空间，可将文字包括在选择集中，如图 7-6 所示。

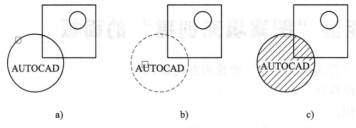

图 7-6 文字包括在选择集中填充

a）选定对象 b）选定文字 c）结果

选择对象时，可以随时在绘图区域单击鼠标右键显示快捷菜单。可以利用快捷菜单放弃最后一个或所选定对象、更改选择方式、更改孤岛检测样式、预览图案填充或渐变填充。

● "删除"：从边界定义中删除之前添加的任何对象。

● "重新创建"：围绕选定的图案填充或填充对象创建多段线或面域，并使其与图案填充对象相关联。

单击"边界"面板向下箭头 ，如图 7-7 所示。

● 显示边界对象：显示边界夹点控件，用户可以使用这些控件，通过夹点来编辑边界对象和选定的图案填充对象。当选择"非关联图案填充"时，将自动显示图案填充边界夹点。选择

图 7-7 "边界"面板展开

"关联图案填充"时，会显示单个图案填充夹点，除非选择"显示边界对象"选项。只能通过夹点编辑关联边界对象来编辑关联图案填充。

- 保留边界对象：指定如何处理图案填充边界对象。选项包括"不保留边界"（仅在图案填充创建期间可用，不创建独立的图案填充边界对象）、"保留边界-多段线"（仅在图案填充创建期间可用，创建封闭图案填充对象的多段线）、"保留边界-面域"（仅在图案填充创建期间可用，创建封闭图案填充对象的面域对象）、"选择新边界集"（指定对象的有限集（称为边界集），以便通过创建图案填充时的拾取点进行计算）。

- 使用当前视口（仅在图案填充创建期间可用）：从当前视口范围内的所有对象定义边界集。"指定边界集"（仅在图案填充创建期间可用），利用"定义边界集"选定的对象定义边界集。

7.2.2 "图案"面板

位于第二位的是"图案"面板，如图 7-8 所示。显示所有预定义和自定义图案的预览图像。可以在"图案"面板上图案库的底部查找自定义图案。

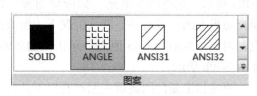

图 7-8 "图案"面板

7.2.3 "特性"面板

位于第三位的是"特性"面板，单击该面板向下箭头 ，如图 7-9 所示。

图 7-9 "特性"面板展开

- "图案填充类型"：指定使用纯色、渐变色、图案或用户定义的填充。系统提供的预定义图案有 AutoCAD（acad.pat 或 acadiso.pat）、AutoCAD LT（acadlt.pat 或 acadltiso.pat）。用户定义的图案都基于图形中的当前线型。自定义图案是指在任何自定义 PAT 文件中定义的图案，这些文件已添加到搜索路径中。

- "图案填充透明度"：可设定新图案填充对象的透明度级别，替代默认对象透明度。

- "图案填充颜色"：可指定将颜色设定为 ByLayer、ByBlock 还是选定颜色。

- "角度"：指定渐变色和图案填充对象的角度（相对于当前 UCS 的 X 轴）。可以使用滑块将图案填充角度设定为 0~359°（HPANG）。

- "填充图案缩放"：当"图案填充类型"设定为"图案"时，放大或缩小预定义或自定义的填充图案（HPSCALE）。

- "图案填充间距"：当"图案填充类型"设定为"用户定义"时，指定用户定义图案中的直线间距（HPSPACE）。

- "渐变明暗"：当"图案填充类型"设定为"渐变色"时，此选项指定用于单色渐变填充的明色（与白色混合的选定颜色）或暗色（与黑色混合的选定颜色）（GFCLRLUM）。

- "图层名": 为指定的图层指定新图案填充对象，替代当前图层。选择"使用当前项"选项可使用当前图层（HPLAYER）。
- "相对于图纸空间"（仅在布局中可用）: 相对于图纸空间单位缩放填充图案。使用此选项，可很容易地做到以适合于布局的比例显示填充图案。
- "双向"（仅当"图案填充类型"设定为"用户定义"时可用）: 可绘制第二组直线，与原始直线成90°角，从而构成交叉线（HPDOUBLE）。
- "ISO 笔宽"（仅对于预定义的 ISO 图案可用）: 基于选定的笔宽缩放 ISO 图案。

7.2.4 "原点"面板

"原点"面板控制填充图案生成的起始位置，如图 7-10a 所示。某些图案填充（如砖块图案）需要与图案填充边界上的一点对齐。默认情况下，所有图案填充原点都对应于当前的 UCS 原点。单击该面板向下箭头 ⁻，如图 7-10b 所示。

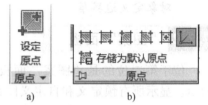

图 7-10 "原点"面板

直接指定新的图案填充原点有以下几种方式。

- "左下": 将图案填充原点设定在图案填充边界矩形范围的左下角。
- "右下": 将图案填充原点设定在图案填充边界矩形范围的右下角。
- "左上": 将图案填充原点设定在图案填充边界矩形范围的左上角。
- "右上": 将图案填充原点设定在图案填充边界矩形范围的右上角。
- "中心": 将图案填充原点设定在图案填充边界矩形范围的中心。
- "使用当前原点": 将图案填充原点设定在 HPORIGIN 系统变量中存储的默认位置。
- "存储为默认原点": 将新图案填充原点的值存储在 HPORIGIN 系统变量中。

7.2.5 "选项"面板

"选项"面板用于控制几个常用的图案填充或填充选项，如图 7-11 所示。

微课 7-2 "选项"面板

1) "关联": 指定图案填充或填充为关联图案填充。关联的图案填充或填充在用户修改其边界对象时将会更新（HPASSOC）。

如图 7-12a 所示，用鼠标拾取边界的线段，在边界上显示出特征方框，如图 7-12b 所示，再用鼠标拾取右下方特征点，该点以醒目方式显示，拖动鼠标，使鼠标移到相应位置，单击鼠标左键，得到图 7-12c 所示图形。AutoCAD 会根据边界的新位置重新生成填充图案。

图 7-11 "选项"面板

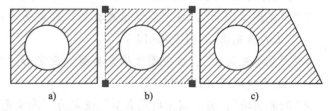

图 7-12 用鼠标移动右下方的特征点重新生成填充图案的过程

如图 7-13 所示，用鼠标拾取圆，圆上会出现相应的特征点，再用鼠标拾取圆的圆心，则该特征点以醒目方式显示。拖动鼠标，使指针位于另一点的位置，然后单击鼠标右键，得到最终结果。

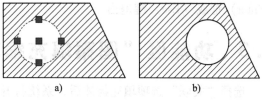

图 7-13　用鼠标移动圆的边界重
新生成填充图案的过程

2）"注释性"：用来指定图案填充为注释性。此特性会自动完成缩放注释过程，从而使注释能够以正确的大小在图纸上打印或显示（HPANNOTATIVE）。

3）"特性匹配"如图 7-14 所示。"使用当前原点"选项是使用选定图案填充对象（除图案填充原点外），设定图案填充的特性。

"用源图案填充原点"选项是使用选定图案填充对象（包括图案填充原点），设定图案填充的特性。

单击"选项"面板向下箭头 ，出现如图 7-15 所示的界面。

4）"允许的间隙"：设定将对象用作图案填充边界时可以忽略的最大间隙。默认值为 0，此值指定对象必须是封闭区域而没有间隙。移动滑块或按图形单位输入一个值（0～5000），设定将对象用作图案填充边界时可以忽略的最大间隙。任何小于或等于指定值的间隙都将被忽略，并将边界视为封闭（HPGAPTOL）。

5）"创建独立的图案填充"：将在多个闭合边界内创建的单个图案填充对象分解为单独的对象。此选项仅当已选定多个图案填充时可用。

6）单击"外部孤岛检测"选项旁的向下箭头 ，出现如图 7-16 所示的界面。

● "普通孤岛检测"：从外部边界向内填充。如果遇到内部孤岛，填充将关闭，直到遇到孤岛中的另一个孤岛。

● "外部孤岛检测"：从外部边界向内填充。此选项仅填充指定的区域，不会影响内部孤岛。

● "忽略孤岛检测"：忽略所有内部的对象，填充图案将通过这些对象。

绘图次序为图案填充或填充指定绘图次序（HPDRAWORDER），选项如图 7-17 所示。

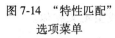
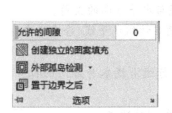

图 7-14　"特性匹配"
选项菜单

图 7-15　"选项"面板
展开

图 7-16　"外部孤岛
检测"的选项菜单

图 7-17　绘图次序
选项菜单

7.2.6　"关闭"面板

"关闭"面板用于退出"图案填充创建"命令，并关闭上下文选项卡，也可以按

〈Enter〉键或〈Esc〉键退出。

7.3 功能区"图案填充编辑"的面板

选择"关联"选项填充物体后，系统打开"图案填充编辑"面板，如图 7-18 所示。其操作同"图案填充创建"功能区中的面板。

图 7-18 功能区"图案填充编辑"的面板

7.4 创建自定义填充图案

填充图案文件存放在系统的图案库中。AutoCAD 系统为用户提供了标准的填充图案文件——ACAD.PAT 文件，其中有 60 多种图案可以供用户选用。另外，AutoCAD 也允许用户自己在记事本中定义图案文件。图案文件的文件名与普通文件名命名规则相同，文件名的后缀为 .pat。

一个图案文件中可以存放一个或多个图案的定义。每个图案都有一个标题行、一个或多个定义行，其中每个图案定义行都定义了这个图案的一组平行线。整个文件没有专门的结尾标志。图案定义的标题行格式为：

```
* Pattern-name[,description]:
```

其中，"*"是标题行的标记，不能省略。Pattern-name 对应图案名，图案名可以由字母、数字或者字符任意组合而成，长度不大于 31 个字符。图案后面是关于这个图案的说明部分，与图案名用逗号隔开。说明部分对图案的定义没有影响，它仅起说明作用。执行 HATCH 命令时，利用问号"?"响应可以看到关于图案的说明。

图案定义行的格式为：

```
Angle, X-origin, Y-origin, delta-X, delta-Y[,dash1,dash2,…,dashn]:
```

定义行中各选项的含义如下。

● Angle：该选项用来说明该组平行线与水平方向的夹角。

● X-origin、Y-origin：该选项用来说明在该组水平线/垂直线中，必有一条经过该坐标确定的点。

● delta-X：该选项用来说明相邻两平行线沿线本身方向的位置。当该组平行线为实线时，不存在位移，此值为零。

● delta-Y：该选项用来说明两条平行线间的距离。

● [,dash1,dash2,…,dashn]：该选项表示图案线的格式。此部分与线型定义相似。

7.5 创建无边界图案填充的步骤

1) 在命令提示下，输入"-HATCH"。

2）输入 p 指定特性。

3）输入图案名称。例如，输入 earth 指定 EARTH 图案。

4）指定填充图案的比例和角度。

5）输入 w 指定绘图边界。

6）输入 n 可在定义图案填充区域后放弃多段线边界。

7）指定定义边界的点。输入 c 闭合多段线边界。

8）按两次〈Enter〉键创建图案填充，如图 7-19 所示。

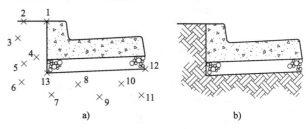

图 7-19　无边界图案填充的步骤
a）通过指定点定义图案填充边界　b）结果

7.6　截面视图样式管理器

在命令行输入 VIEWSECTIONSTYLE 命令后，会显示"截面视图样式管理器"对话框，用于控制模型文档截面视图内图案填充对象的外观和行为的特性，如图 7-20 所示。

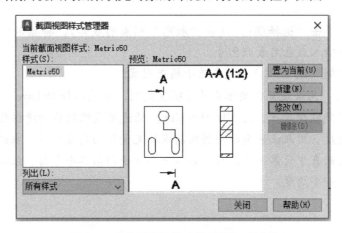

图 7-20　"截面视图样式管理器"对话框

单击"修改（M）"或"新建（N）"按钮，弹出"修改截面视图样式"对话框，如图 7-21 所示。对话框中选项介绍如下。

- 显示图案填充（S）：选择该选项时，将显示图案填充，以指示由剪切平面剪切的部件。
- 图案（P）：可以设置用于截面视图内所有图案填充的图案。

单击"填充图案"按钮，将显示"填充图案选项板"对话框，该对话框允许用户从 ANSI、ISO 和其他行业标准的填充图案中进行选择。

- 图案填充颜色（O）：用来设置用于截面视图内所有图案填充的颜色。如果单击"选择颜色"（在"颜色"列表的底部），将显示"选择颜色"对话框，也可以输入颜色名或颜色号。
- 背景颜色（B）：用来设置截面视图内图案填充的背景色。选择"无"选项可关闭背

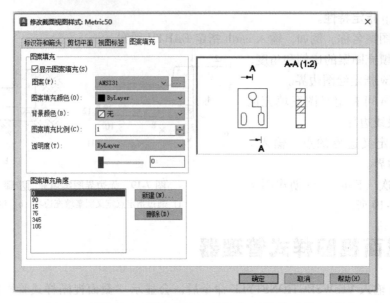

图 7-21 "修改截面视图样式"对话框

景色。如果单击"选择颜色"(在"颜色"列表的底部),将显示"选择颜色"对话框,也可以输入颜色名或颜色号。

● 图案填充比例（C）：用来放大或缩小填充图案。

● 透明度（T）：用来设置图案填充的透明度级别。如果选择 ByLayer，则已绘制的图层图案填充（默认情况下，为 MD_Hatching）的透明度级别将由滑块指定。

● 图案填充角度：用来设置截面视图内图案填充使用的角度列表。截面视图中的第一个部件将使用列表中的第一个条目，第二个部件使用第二个条目，依次类推。列表中必须至少包含一个角度。

7.7 习题

1. 绘制如图 7-22 所示的图形，并对其进行填充。

图 7-22 绘制并填充图形

2. 在 AutoCAD 2024 中，孤岛检测方式有几种？

3. 在 AutoCAD 2024 中，如何使用渐变色来填充图形？

第 8 章 块 与 属 性

本章主要内容：

- 建立及插入块
- 建立及编辑块属性

在实际绘图中，经常会遇到绘制相同或相似的图形（如机械设计中的螺栓、螺母等），利用 AutoCAD 提供的块的方式可以快捷解决此类问题。将相同或相似的图形定义为块，在需要的时候以插入块的方式将图形直接插入，从而节省绘图时间。而且利用定义块与属性的方式可以在插入块的同时加入不同的文本信息，满足绘图的要求。

8.1 块的概念与特点

8.1.1 块的概念

块是绘制在一个或几个图层上的图形对象的组合。一组被定义为块的图形对象将成为单个的图形符号，拾取块中的任意一个图形对象即可选中构成块的全体对象。用户可以根据绘图的需要，将块以不同的缩放比例、旋转方向放置在图中的任意位置。

8.1.2 使用块的优点

1. 减少绘图时间，提高工作效率

实际绘图中，经常会遇到需要重复绘制的相同或相似的图形，使用块可以减少绘制这类图形的工作量，提高绘图效率。

2. 节省存储空间

当向图形中增加对象时，图形文件的容量会增加，AutoCAD 会保存图中每个对象的大小与位置信息，如点、比例、半径等。定义成块以后可以把几个对象合并为一个单一符号，块中所有对象具有单一比例、旋转角度、位置等属性。所以插入块时可以节省存储空间。

3. 便于修改图样

当块的图形需要做较大的修改时，可以通过重定义块，自动修改以前图中所插入的块，而无需在图上修改每个插入块的图形，方便图样的修改。

4. 块中可以包含属性（文本信息）

有时图块中需要加入文本信息以满足生产与管理上的要求，通过定义块属性可以方便地为图形加入所需的文本信息。

8.2 块与块文件

块定义的方式有两种。第一种命令方式是"块（BLOCK）"，此命令定义的块只能在当前定义块的图形文件中使用；第二种命令方式是"写块（WBLOCK）"，能够将块定义为块文件，任何图形文件都可以使用。

8.2.1 定义块

将图形定义为块，组成块的图形对象必须已经绘制出来且在屏幕上可见。

1. 命令输入方式

命令行：BLOCK（BMAKE）

选项卡："插入"选项卡→"块定义"面板→"创建块" 创建块

命令别名：B

2. 操作步骤

1）在命令行提示下输入 BLOCK 命令后按〈Enter〉键，屏幕上将弹出"块定义"对话框，如图 8-1 所示。利用该对话框可以定义块。

2）在"名称（N）"下拉列表框中输入需要建立或选择需重定义的块名。

3）在"基点"选项组中确定块的基点，即插入点。可以直接输入基点的 x、y、z 的坐标值，系统默认值是（0，0，0）；也可以单击 按钮，用鼠标直接在绘图区拾取块的特征点作为插入点，以便于块的准确定位。

4）在"对象"选项组中可以确定组成块的图形对象。单击此选项组中的 按钮，切换到作图界面，选择要定义为块的图形对象后，按〈Enter〉键返回对话框。如果单击此选项组中的 按钮，将弹出快速选择窗口，可选取当前选择或整个图形。

5）单击"确定"按钮完成块的定义。

8.2.2 定义块文件

把图形对象保存为图形文件或把块转换为图形文件。

1. 命令输入方式

命令行：WBLOCK

选项卡："插入"选项卡→"块定义"面板→"写块" 写块

命令别名：W

2. 操作步骤

1）在命令行提示下输入 WBLOCK 命令后按〈Enter〉键，屏幕上将弹出"写块"对话框，如图 8-2 所示。

图 8-1　"块定义"对话框

图 8-2　"写块"对话框

2）在"源"选项组中可以确定要保存为块文件的图形类型。

- 块（B）：将定义好的块保存为图形文件。
- 整个图形（E）：把当前整个图形保存为图形文件。
- 对象（O）：可通过"对象"选项组在绘图区用鼠标选择所需的图形对象。

3）在"基点"选项组中确定基点，其操作步骤与8.2.1定义块中的基点定义方法相同。

4）在"对象"选项组中确定图形对象，其操作步骤与8.2.1定义块中的对象定义方法相同。

5）单击"确定"按钮完成块文件的定义。

8.3　块的插入

将已经定义的块或块文件插入到当前图形中。

1. 命令输入方式

命令行：INSERT

选项卡："插入"选项卡→"块定义"面板→"插入块"

命令别名：I

2. 操作步骤

1）在命令行提示下输入 INSERT 命令后按〈Enter〉键，屏幕上将弹出"插入"选项板，如图 8-3 所示。在弹出的命令选项板上，可插入的块包括当前图形中的块、最近使用的项目、收藏夹、库等。选择当前图形中要插入的块，利用此选项板可以确定所要插入块的缩放比例、插入位置、旋转角度。

2）在"插入"选项板的"块"面板中，单击"插入"以显示当前图形中块的库，无需打开"块"选项板，如图 8-4 所示。其他两个选项（即"最近使用的块"和"库中的块"）会将"块"选项板打开到相应选项卡。

3）"插入点"选项确定插入点的位置。选择系统默认方式"在屏幕上指定"，在完成其他选项组设置后返回绘图区用鼠标拾取插入点。插入块时插入点与定义块时的基点相重合。

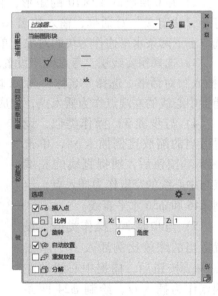

图 8-3　"插入"选项板

4）"比例"下拉列表框确定缩放比例。可以直接在文本框中输入 x、y、z 三个方向的缩放比例。如果希望 x、y、z 三个方向以相同的比例系数缩放，可以单击"比例"下拉列表框中的三角符号▼，选择"统一比例"选项。

5）"旋转"选项：确定块插入时的旋转角度。可在"角度"文本框中直接输入旋转的角度，也可以单击取消旋转符号前面矩形中的，在作图界面中确定旋转角度。

6）"分解"选项：确定块中元素是否可以单独编辑。选中此项会在插入块的同时把块分解，块中的元素可以单独编辑，否则插入后块作为一个单一元素。

7）如果插入块时没有将块分解，插入后希望对块中的元素单独编辑，可以使用"分解"命令将块分解（参见 3.8.4 分解对象）。

【**例 8-1**】 利用块功能绘制如图 8-5 所示的图形。

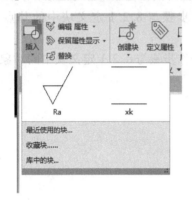

图 8-4 "插入"命令界面

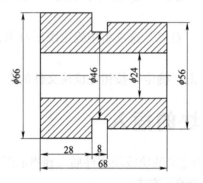

图 8-5 利用块功能绘制图形

绘制步骤如下。

1）首先绘制一条 68mm 长的水平中心线。

2）在 0 层绘制 10×10 的矩形，将此矩形分解，输入 BLOCK 命令，打开"块定义"对话框，输入块名 xk，以左边竖直边的中点作为基点，选取上下两条水平边作为块的对象，单击"确定"按钮完成建块。

微课 8-1 块的创建与绘图

3）选择粗实线层，考虑便于设置块的比例，在命令行输入 CLASSICINSERT 命令，打开"插入"对话框，选择"名称"为 xk 块，参数的设置如图 8-6 所示。单击"确定"按钮后，捕捉中心线的左端点作为插入点，完成插入，绘制出 ϕ66 两条水平直线。

4）与步骤 3）操作类似，设置适当的缩放比例插入 xk，单击 按钮后，捕捉直线的左端点与中心线的交点作为插入点，绘制 ϕ46 和 ϕ56 水平直线。

5）与步骤 3）操作类似，设置适当的缩放比例插入 xk，单击 确定 按钮后，捕捉中心线的左端点作为插入点，绘制 ϕ24 两条水平直线。

图 8-6 "插入"对话框

6）使用 Line 命令将缺口连接，使用 Hatch 命令完成填充。

7）使用 Lengthen 命令将中心线的两端分别拉长 2mm。

8.4 动态块定义

图块常用来绘制重复出现的图形。如果图形略有区别，就需要定义不同的图块，或者需要分解图块来编辑其中的几何图形。自 AutoCAD 2006 版本起，新增了功能强大的动态图块功能，用户指定动态图块中的夹点可以移动、缩放、拉伸、旋转和翻转块中的部分几何图形，编辑块图形外观而不需要分解它们，使块的功能更加强大，操作更加方便。

1. 命令输入方式

命令行：BEDIT

选项卡："插入"选项卡→"块定义"面板→块编辑器🏷

2. 操作步骤

定义动态块至少需要包含一个参数和一个此参数支持的运动，下面以旋转为例介绍动态块的定义过程。

1）首先在屏幕上创建一个块，然后在命令行提示下输入 BEDIT 命令后按〈Enter〉键，屏幕上将弹出"编辑块定义"对话框，如图 8-7 所示。在此对话框中可以输入或选择块的名称。

2）选择已创建好的块"龙头"，单击"编辑块定义"对话框中的"确定"按钮，界面进入定义动态块状态。界面的左边是"块编写选项板"，包含"参数""动作""参数集"和"约束"四个选项表，屏幕的上部是"块编辑器"工具栏，包含"打开/保存""几何""标注""管理""操作参数"和"可见性"等面板，如图 8-8 所示。

图 8-7 "编辑块定义"对话框

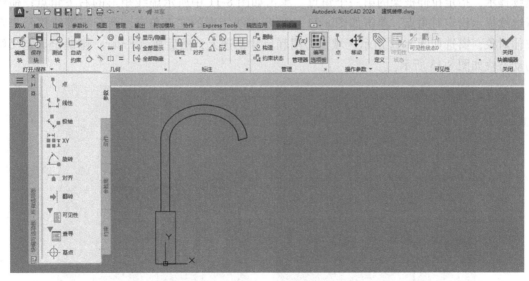

图 8-8 定义动态块界面

3）界面左边的"块编写选项板"中"参数"选项表可以向动态块添加参数工具。参数用于指定几何图形在块参照中的位置、距离和角度。将参数添加到动态块定义中时，该参数将定义块的一个或多个自定义特性。若图中出现![]表示参数与动作没有关联。

4）"块编写选项板"中"参数集"选项表提供了动态块参数。将参数集的参数添加到动态块中后，可将参数至少与一个动作的工具关联。单击参数集中的 线性拉伸 按钮，然后选择如图 8-9 所示线段标注尺寸，最终图形如图 8-10 所示。

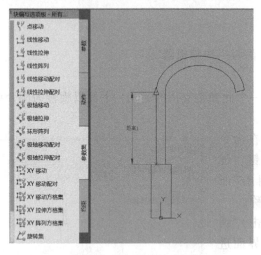

图 8-9　定义动态块参数

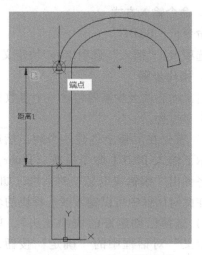

图 8-10　定义拉伸动作参数点

5）"块编写选项板"中"动作"选项表可向动态块定义中添加动作。动作定义了在图形中操作块参照的自定义特性时，动态块参照的几何图形将如何移动或变化，动作与参数应该相关联。如果单击其中的拉伸动作按钮 拉伸，命令行会提示选择参数，单击图 8-9 中"距离 1"。命令行继续提示选择与动作关联的参数点，单击图 8-10 中光标所在点，命令行继续提示，指定拉伸框架的第一个角点，单击如图 8-11 中所示虚线矩形的右下角点；命令行继续提示指定对角点，单击如图 8-11 中所示虚线矩形的左上角点。命令行继续提示指定拉伸对象，窗选如图 8-12 所示区域，将图和尺寸都选上，然后按〈Enter〉键确定。定义好的动态块如图 8-13 所示。

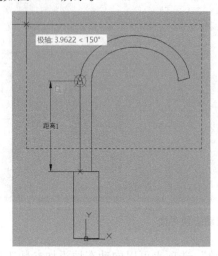

图 8-11　定义拉伸动作两个角点

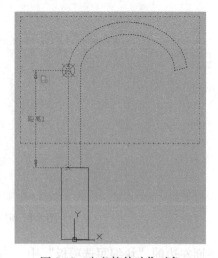

图 8-12　定义拉伸动作对象

6）"块编写选项板"中的"约束"选项表提供了将几何约束和约束参数应用于对象的

工具。

7）单击"打开/保存"面板下方的"保存块"按钮，单击"关闭"面板中"关闭块编辑器"按钮，退回到 AutoCAD 的绘图界面。

8）在命令行提示下输入 INSERT 命令后按〈Enter〉键，在弹出的"插入"对话框中选择块"龙头"插入到图形中，单击插入的图形，出现可拉伸的夹点，如图 8-14 所示。拉伸上部长度，最终得到长度变高的龙头，如图 8-15 所示。

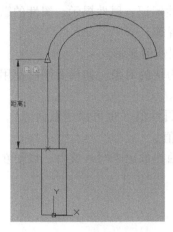
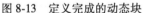
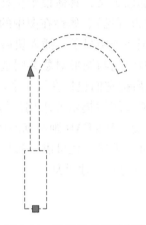

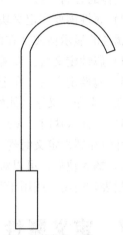

图 8-13　定义完成的动态块　　　图 8-14　显示夹点的动态块　　　图 8-15　拉长高度后的龙头

8.5　块与图层的关系

块可以由绘制在若干图层上的图形对象组成，AutoCAD 将各个元素的图层、颜色、线型和线宽属性保存在块的定义中。插入块时，块中图形元素属性遵循如下约定。

1）块中元素的颜色、线型和线宽属性设置为 ByLayer（随层），若绘制在 0 图层上，插入后，块中元素按当前层的颜色、线型和线宽属性设置。

2）块中元素的颜色、线型和线宽属性设置为 ByLayer（随层），若绘制在其他图层上，插入后，如果当前图形有与其相同的图层，则块中该层上的对象绘制在同名图层上，并按图中该层的属性设置；如果当前图形没有与其相同的图层，则块中该对象绘制在原图层上，并给当前图形增加相应的图层。

3）块中元素的颜色、线型和线宽属性设置为 ByBlock（随块），块插入后块中对象按当前层的颜色、线型和线宽属性设置。

4）如果块被插入在一个冻结图层中，则块不显示在屏幕上。

8.6　属性的概念与特点

8.6.1　属性的概念

属性是块的文本对象，是块的一个组成部分，它与块的图形对象共同组成块的全部内容。例如，当将表面粗糙度的符号定义为块的时候，需要加入粗糙度值。利用定义块属性的

163

方法可以方便地加入需要的内容。

8.6.2 属性的特点

属性与普通的文本不同，它具有以下特点。

1) 一个属性包括属性标记和属性值两方面的内容。例如，可以把姓名定义为属性标记，具体的姓名"张""王"就是属性值。

2) 属性需要在定义块之前加以定义，具体设置包括属性标记、属性提示、属性的默认值、属性的显示格式（在图中是否可见）、属性在图中的位置等。

3) 属性定义后，以属性标记在图中显示，插入块后以属性值显示。

4) 属性定义后，在定义块时将它与图形对象共同选择为块的对象。如果要同时使用多个属性，应先定义这些属性，然后把它们包括在同一个块中。

5) 在插入块时，AutoCAD 通过属性提示要求用户输入属性值（也可以用默认值）。如果属性值在属性定义时规定为常量，AutoCAD 则不询问属性值。

6) 插入块后，可以对属性进行编辑，也可以把属性单独提取出来写入文件，以便在统计、制表时使用，或用于其他数据分析程序处理。

8.7 定义属性

1. 命令输入方式

命令行：ATTDEF

选项卡："插入"选项卡→"块定义"面板→"定义属性"

命令别名：ATT

2. 操作步骤

1) 在命令行提示下输入 ATTDEF 命令后按〈Enter〉键，屏幕将弹出"属性定义"对话框，如图 8-16 所示。

2) "模式"选项组：确定属性模式。

- 不可见（I）：选中该复选按钮，属性在图中不可见。

- 固定（C）：选中该复选按钮，属性为定值。由此对话框的 Value 文本框给定，插入块时属性值不发生变化。

- 验证（V）：选中该复选按钮，在插入块时系统将提示用户验证属性值的正确性。

- 预设（P）：选中该复选按钮，在插入块时将属性设置为默认值。

- 锁定位置（K）：选中该复选按钮，在插入块时属性不可以相对于块的其余部分移动。

图 8-16 "属性定义"对话框

● 多行（U）：属性是单线属性还是多线属性。

3）"属性"选项组：由上而下依次确定属性的标记（T）、提示（M）、默认（L）。

4）"插入点"选项组：有两种方式确定属性的位置。选中"在屏幕上指定"选项，用鼠标在屏幕上拾取。

5）"文字设置"选项组：由上至下依次确定文字的对正（J）、文字样式（S）、文字高度（E）、旋转（R）。

6）单击"确定"按钮完成属性的定义。

7）如果有两个或两个以上的属性，希望这些属性以对正方式排列，可以选中此对话框下部的"在上一个属性定义下对齐"（A）。

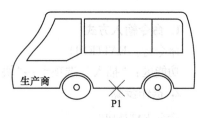

【例 8-2】 将如图 8-17 所示的商用车属性定义为"生产商"，将其定义为 car 块后插入，属性值设置为"一汽"。

图 8-17　定义商用车属性

操作步骤如下。

1）绘制如图 8-17 所示的商用车外形图。

2）输入 ATTDEF 命令后按〈Enter〉键，调用"属性定义"对话框，对话框参数设置如图 8-18 所示。选中"在屏幕上指定（O）"，用鼠标在屏幕上拾取属性插入点。

3）完成"属性定义"对话框中的设置后，单击"确定"按钮，在图形上单击鼠标选择属性插入位置，得到如图 8-17 所示的属性。

微课 8-2　绘制
商用车

4）输入 BLOCK 命令后按〈Enter〉键，调用"块定义"对话框，输入块名 car，拾取 P1 为基点，选择创建块的对象，包括图形及属性。

5）设置完毕后，单击"确定"按钮，屏幕出现"编辑属性"对话框，如图 8-19 所示。此时可以改变属性值，如果不改变，输入"生产商"即可完成块创建。

图 8-18　"属性定义"对话框的参数设置

图 8-19　"编辑属性"对话框

6）在命令行提示下输入 INSERT 命令后按〈Enter〉键，打开"插入"对话框，选择块 car。

7）在"插入点"选项组中选择"在屏幕上指定"选项，然后单击"确定"按钮。

8）在绘图窗口中单击，确定插入点的位置，并在命令行的"生产商"提示下输入"一汽"，然后按〈Enter〉键，结果如图 8-20 所示。

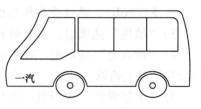

图 8-20　插入带属性的块

8.8　编辑属性

1. 命令输入方式

命令行：EATTEDIT

功能区："插入"选项卡→"块"面板→编辑属性→"单个" 🏷

2. 操作步骤

命令：EATTEDIT ↵
选择块：（选择一图块）

选择一图块后，屏幕弹出"增强属性编辑器"对话框，如图 8-21 所示。

该对话框包括三个选项卡："属性""文字选项"和"特性"。用户可以通过该对话框编辑属性值、文本格式以及属性的图层、线型、线宽、颜色和绘图样式。

（1）"属性"选项卡

"属性"选项卡中显示了块中每个属性的标记、提示、值。选择某一属性后，在"值（V）"文本框中可以修改属性值。

（2）"文字选项"选项卡

"文字选项"选项卡用于修改属性文字的格式。单击"文字选项"，屏幕显示"文字选项"选项卡的内容，如图 8-22 所示。在这里用户可以修改文字的样式、对齐方式、字体高度、宽度因子、旋转角度、倾斜角度等。

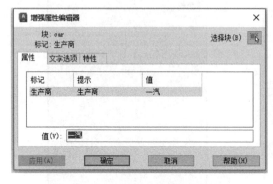

图 8-21　"增强属性编辑器"对话框的
"属性"选项卡

图 8-22　"增强属性编辑器"对话框的
"文字选项"选项卡

（3）"特性"选项卡

"特性"选项卡用于修改属性的图层、线型、颜色、线宽和打印样式。单击"特性"，屏幕显示"特性"选项卡的内容，如图 8-23 所示。

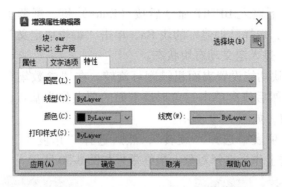

图 8-23 "增强属性编辑器"对话框的"特性"选项卡

8.9 块应用实例

利用块、属性、动态块实现如图 8-24 所示的表面粗糙度的标注。
操作步骤如下。

微课 8-3 块
应用实例

1）绘制如图 8-25 所示的基本图形。

2）输入 ATTDEF 命令后按〈Enter〉键，调用"属性定义"对话框，对话框参数设置
如图 8-26 所示。选中"在屏幕上指定"选项，用鼠标在屏幕上拾取属性插入点。

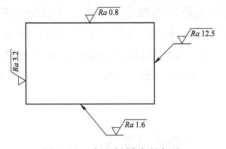

图 8-24 表面粗糙度的标注

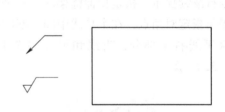

图 8-25 基本图形

3）完成"属性定义"对话框中的设置
后，单击"确定"按钮。在图形上单击鼠
标选择属性插入位置，得到如图 8-27 所示
的属性。

4）输入 BLOCK 命令后按〈Enter〉键，
调用"块定义"对话框，输入块名 Ra，拾
取三角形最下面的顶点作为基点，选择创建
块的对象，包括图形及属性。

5）设置完毕后，单击"确定"按钮，屏
幕出现"编辑属性"对话框。此时可以改变属
性值，如果不改变，为默认值"Ra 6.3"，完
成块及属性的创建，如图 8-28 所示。

图 8-26 设置属性参数

6）在命令行提示下输入 BEDIT 命令后按〈Enter〉键，屏幕上弹出"编辑块定义"对话框，选择已创建好的块 Ra，单击"编辑块定义"对话框中的"确定"按钮，进入定义动态块状态。

图 8-27　定义属性

7）首先通过动态块功能设置表面粗糙度可旋转。在"参数集"选项表中选择"旋转集"，然后依次单击三角形最下面的顶点作为基点，设置半径、角度及标签位置，如图 8-29 所示。

图 8-28　创建块及属性

8）在"动作"选项表中选择"旋转"，然后选择"角度 1"参数，再将全部图形及属性选上作为选择对象，最终效果如图 8-30 所示。

图 8-29　设置旋转参数

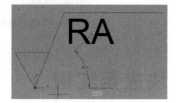

图 8-30　设置旋转动作

9）继续通过动态块设置表面粗糙度符号上部水平线长度可拉长。在"参数集"选项表中选择"线性拉伸"，然后在图中标注尺寸如图 8-31 所示。

10）"块编写选项板""动作"选项卡中单击拉伸动作按钮，命令行提示选择参数，单击图 8-31 中"距离 1"。命令行继续提示选择与动作关联的参数点，单击水平线的最右点；命令行继续提示，指定拉伸框架的第一个角点，在水平线最右点的右下单击一点；命令行继续提示指定对角点，在水平线中间上部的任意位置单击；命令行继续提示指定拉伸对象，窗选水平线右半部分，将线和尺寸都选上，然后按〈Enter〉键确定。定义好的动态块如图 8-32 所示。

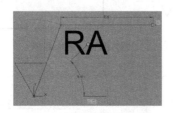

图 8-31　设置拉长参数

图 8-32　设置拉长动作

11）单击保存块按钮，完成表面粗糙度符号动态块设置，然后退出块编辑器。

12）类似的操作，完成引线块的创建及动态设置，如图 8-33 所示。

13）在命令行提示下输入 INSERT 命令后按〈Enter〉键，打开"插入"对话框，选取块 Ra。在绘图窗口中单击，确定插入点的位置，在弹出的"编辑属性"对话框中输入"Ra0.8"，如图 8-34 所示，然后按〈Enter〉键，效果如图 8-35 所示。

14）使用类似步骤给左侧表面标注表面粗糙度，但表面粗糙度符号方向不合适。单击粗糙度符号，如图 8-36 所示，鼠标单击符号中的圆点，可将粗糙度符号旋转 135°，转到正确方向上，如图 8-37 所示。

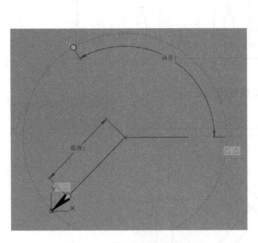

图 8-33 设置引线动态块

图 8-34 编辑块属性

15）使用类似步骤给右侧表面标注表面粗糙度。先插入引线，再插入表面粗糙度，设置属性值为"Ra 12.5"，如图 8-38 所示。通过动态块可将上部水平线适当拉长一点，如图 8-39 所示。

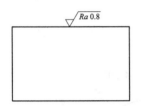

图 8-35 标注表面粗糙度（一）

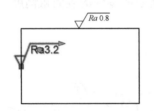

图 8-36 标注表面粗糙度（二）

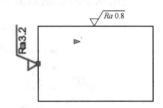

图 8-37 旋转表面粗糙度方向

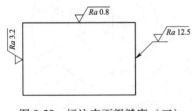

图 8-38 标注表面粗糙度（三）

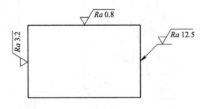

图 8-39 拉长表面粗糙度线的长度

16）采用动态引线和粗糙度块，合理标注图形的表面粗糙度，最终效果如图 8-24 所示。

8.10 习题

1. 如何定义块与属性？
2. 利用块与属性功能绘制如图 8-40 所示的电路图。
3. 利用块功能绘制如图 8-41 所示的使用连杆机构的同步液压缸。

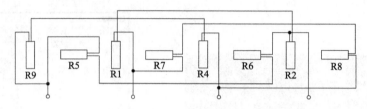

图 8-40　块与属性操作练习（一）

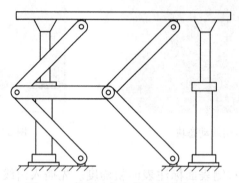

图 8-41　使用连杆机构的同步液压缸

4. 利用动态块绘制如图 8-42 所示的零件的表面粗糙度。

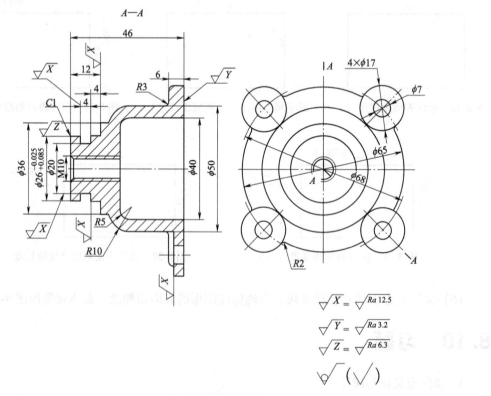

图 8-42　块与属性操作练习（二）

第9章 三维绘图基础知识

本章主要内容:

- 三维设计概述
- 三维坐标系、三维模型的基本内容
- 调整三维图形的显示方式
- 设置用户坐标系
- 设置多视口

目前三维 CAD 逐渐成为主流,这要求 CAD/CAM 系统应具有二、三维图形之间的转换功能,即从三维几何造型直接生成二维图形,并保持二维图形和三维造型之间的信息关联。要使用 AutoCAD 的三维功能,最好将工作空间更改为"三维建模"或"三维基础"。

9.1 三维设计概述

AutoCAD 2024 版本在三维建模方面有了很大的改进,引入了 Inventor 的智能化、参数化理念,使用户可以以前所未有的方式进行创意设计。用户可以灵活地以二维和三维方式探索设计创意。AutoCAD 强大且直观的工具集可以帮助用户实现创意的可视化和造型,将创新理念变为现实。主要表现在以下几个方面。

1)三维自由形状设计。使用 AutoCAD 2024 软件中强大的曲面、网格和实体建模工具探索并改进创意。

2)点云支持。实现三维数据扫描,简化耗时的改造和翻修项目。

3)上下文相关的 PressPull 功能。利用 PressPull,只需一步操作即可拉伸和偏移曲线,创建曲面和实体并选择多个对象。

4)曲面曲线提取。通过实体的曲面或面上的一个特定点提取等值线曲线,以确定任意形状的轮廓线。

5)Autodesk Inventor Fusion。一种在 DWG 环境中直接建模的易用型工具,可以帮助用户灵活地编辑与验证来自几乎任何数据源的模型。

6)AutoCAD 有丰富的可定制的视觉样式,可以输出丰富的表现效果。在稳定性、视觉逼真度和性能方面有了全面改进。

7)AutoCAD 的三维建模和渲染、漫游动画等功能特别适用于制作室内外装修效果图和产品设计,支持 Map 3D 和 Civil 3D。

8)图纸空间支持及大坐标系支持。

9)有多种选择样式可用,如栏选、套索、多边形等。

10)线宽支持及暗显外部参照和锁定的图层。

AutoCAD 2024 支持创建三种三维对象:网格对象、曲面对象和实体对象。

1. 网格对象

网格对象是指由网格平面和镶嵌平面围成的立体。网格平面为非重叠单元，网格平面及其边和顶点一起形成网格对象的基本可编辑单元。当移动、旋转和缩放单个网格面时，周围的面会被拉伸并发生变形，所以利用网格对象可以实现自由形状设计。

网格对象不具有三维实体的质量和体积特性。网格对象在建模方式上与实体对象和曲面对象有所区别，但是网格对象具有一些独特的功能，通过这些功能，用户可以设计角度更小、圆度更大的模型。从 AutoCAD 2010 及其更高版本开始，可以平滑化、锐化、分割和优化默认的网格对象类型，但这些命令不能用于传统的多面网格或多边形网格。网格对象模型如图 9-1 所示。

2. 曲面对象

除三维实体和网格对象外，AutoCAD 还提供了两种类型的曲面，即程序曲面和 NURBS 曲面。程序曲面是关联曲面，即保持与其他对象间的关系，以便将其作为一个组进行处理。而 NURBS 曲面不是关联曲面，该类曲面具有控制点，通过编辑这些控制点，用户可以以更自由的方式完成曲面造型。曲面对象也不具有三维实体的质量和体积特性。由旋转产生的曲面对象如图 9-2 所示。

3. 实体对象

实体模型可以表示整个对象的所有形状信息。在各类三维模型中，实体模型的信息最完整，歧义最少，它能够进一步满足模型物理性计算、有限元分析等应用的要求。在二维线框的着色模式下，实体模型的显示和线框模型相似，但是实体模型可以进行体着色、渲染、布尔运算等操作。被渲染后的实体模型如图 9-3 所示。

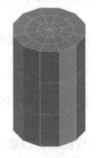
图 9-1　圆柱网格

图 9-2　旋转曲面

图 9-3　实体对象

9.2　三维坐标系

在创建三维对象时，AutoCAD 支持笛卡儿坐标、柱坐标和球坐标来确定点的位置。

1. 笛卡儿坐标

笛卡儿坐标用点的 x、y、z 坐标来描述点：AutoCAD 2024 默认的世界坐标系的 X 轴的正向水平向右，Y 轴的正向竖直向上，Z 轴垂直于 XY 平面，其正向与 X 轴正向、Y 轴正向符合右手定则，格式如下。

绝对坐标：x，y，z

相对坐标：@x, y, z

2. 柱坐标

柱坐标用三个参数来描述点：三维点在XY平面的投影到坐标原点的距离、点在XY平面的投影和坐标原点的连线与X轴正向的夹角、点的z坐标值，格式如下。

绝对坐标：投影长度<夹角大小，z坐标

相对坐标：@投影长度<夹角大小，z坐标。

例如，（10<45，5）表示这样一个点：它在XY平面的投影距坐标原点10个单位、投影和坐标原点的连线与X轴正向成45°角、点的z坐标为5个单位。

3. 球坐标

球坐标用三个参数来定位三维点：点到坐标原点的距离、点和坐标原点连线在XY平面的投影与X轴正向的夹角、点和坐标原点连线与XY平面所成的角度，格式如下。

绝对坐标：距离<与X轴正向的夹角<与XY平面所成的角度

相对坐标：@距离<与X轴正向的夹角<与XY平面所成的角度

例如，（10<45<60）表示这样一个点：它到坐标原点的距离为10个单位、它与坐标原点连线在XY平面的投影与X轴正向成45°、连线本身与XY平面成60°夹角。

9.3 用户坐标系

AutoCAD除了支持系统默认的世界坐标系（WCS），还支持用户自己设计的用户坐标系（UCS）。UCS是指可用于坐标输入、更改绘图平面的一种可移动的坐标系统，通过定义用户坐标系可以更改原点的位置、XY平面及Z轴的方向。

📖 注意：改变UCS只改变坐标系的方向，并不改变当前的视点。

UCS是一种用于二维图形和三维建模的基本工具。因为AutoCAD的大多数命令只作用于当前坐标系的工作平面（XY平面），所以在三维环境中创建或修改对象时，需要在三维空间中的任何位置变换、移动和重新定向当前坐标系。合理创建UCS，用户可以方便灵活地创建三维模型。

要进行三维设计，首先需将工作空间改为"三维基础"或"三维建模"。

9.3.1 新建用户坐标系

1. 命令输入方式

命令行：UCS

选项卡："常用"选项卡→"坐标"面板

2. 操作步骤

微课9-1 新建
用户坐标系

```
命令:UCS
当前UCS名称:＊世界＊
指定UCS的原点或[面(F)/命名(NA)/对象(OB)/上一个(P)/视图(V)/世界(W)/X/Y/Z/Z轴
(ZA)]<世界>:
```

命令行中各选项的含义如下。

- 指定 UCS 的原点：使用一点、两点或三点定义一个新的 UCS。如果指定单个点，当前 UCS 的原点将会移动而不会更改 X、Y 和 Z 轴的方向。
- 面（F）：将 UCS 与三维实体的选定面对齐。要选择一个面，可在此面的边界内或面的边上单击，被选中的面将高亮显示，UCS 的 X 轴将与找到的第一个面上的最近的边对齐，坐标原点为最靠近的顶点。根据系统提示和"动态输入"菜单，还可以控制新 UCS 的原点位置和坐标轴方向。
- 命名（NA）：按名称保存并恢复经常使用的 UCS，也可以按名称删除不再使用的 UCS 并检索命名过的 UCS。
- 对象（OB）：根据选定的三维对象定义新的坐标系。该选项不能用于三维多段线、三维网格和构造线等对象。

对于大多数对象，新 UCS 的原点位于离选定对象最近的顶点处，并且 X 轴与一条边对齐或相切。对于平面对象，UCS 的 XY 平面与该对象所在的平面对齐。对于复杂对象，将重新定位原点，但是轴的当前方向保持不变。

- 上一个（P）：恢复上一个 UCS。AutoCAD 2024 可以保存创建的最后 10 个坐标系。重复选择"上一个（P）"选项可以逐步返回到以前的某个 UCS。
- 视图（V）：以垂直于观察方向（平行于屏幕）的平面为 XY 平面，建立新的 UCS，原点保持不变。
- 世界（W）：将当前坐标系设置为世界坐标系。世界坐标系是所有用户坐标系的基准，不能被重新定义，也是 UCS 命令的默认选项。
- X/Y/Z：绕指定轴旋转当前 UCS。
- Z 轴（ZA）：定义 Z 轴正向来确定 UCS。

此外，AutoCAD 2024 的 UCS 命令也支持以前版本的"新建"和"移动"选项。

新建 UCS 时，输入的坐标值和坐标的显示均相对于当前的 UCS。

下面通过长方体上坐标系的变化来说明 UCS 命令的用法。首先以原点为基准新建一个长方体。

（1）指定 UCS 的原点

```
命令:UCS ↵
当前 UCS 名称:*世界*
指定 UCS 的原点或[面(F)/命名(NA)/对象(OB)/上一个(P)/视图(V)/世界(W)/X/Y/Z/Z 轴
(ZA)]<世界>:(指定点 1)
指定 X 轴上的点或<接受>:(指定点 2)
指定 XY 平面上的点或<接受>:(指定点 3)
```

新建立的 UCS 如图 9-4a 所示。

（2）面（F）

```
命令:UCS ↵
当前 UCS 名称:*世界*
指定 UCS 的原点或[面(F)/命名(NA)/对象(OB)/上一个(P)/视图(V)/世界(W)/X/Y/Z/Z 轴
(ZA)]<世界>:F ↵
选择实体对象的面:(指定点 4)
```

新建立的 UCS 如图 9-4b 所示。

输入选项[下一个(N)/X 轴反向(X)/Y 轴反向(Y)]<接受>：↵

（3）X

命令：UCS ↵
当前 UCS 名称：＊世界＊
指定 UCS 的原点或[面(F)/命名(NA)/对象(OB)/上一个(P)/视图(V)/世界(W)/X/Y/Z/Z 轴(ZA)]<世界>：X ↵
指定绕 X 轴的旋转角度<90>：↵

新建立的 UCS 如图 9-4c 所示。

（4）Z 轴（ZA）

命令：UCS ↵
当前 UCS 名称：＊世界＊
指定 UCS 的原点或[面(F)/命名(NA)/对象(OB)/上一个(P)/视图(V)/世界(W)/X/Y/Z/Z 轴(ZA)]<世界>：ZA ↵
指定新原点或[对象(O)]<0,0,0>：(指定点 5)
在 Z 轴正向范围上指定点<210,392,275>(指定点 6)

新建立的 UCS 如图 9-4d 所示。

9.3.2 "UCS" 对话框

用户可以使用 "UCS" 对话框进行 UCS 管理和设置。

1. 命令输入方式

命令行：UCSMAN
菜单栏：工具（Tools）→命名 UCS
工具栏：UCS Ⅱ→
命令别名：UC

2. 操作步骤

使用上述方式打开 "UCS" 对话框。该对话框有三个选项卡："命名 UCS""正交 UCS" 和 "设置"。

（1）"命名 UCS" 选项卡

如图 9-5 所示，"命名 UCS" 选项卡列出了系统中目前已有的坐标系。选中一个坐标系并单击 "置为当前（C）" 按钮，可以把它设置为当前坐标系。单击 "详细信息（T）" 按钮可以查看该坐标系的详细信息。

（2）"正交 UCS" 选项卡

如图 9-6 所示，该选项卡列出了预设的正交 UCS，正交的基准面用来定义新 UCS 的 *XY* 平面，选中一个预设的 UCS，单击 "置为当前（C）" 按钮，可将其设置为当前的 UCS，也

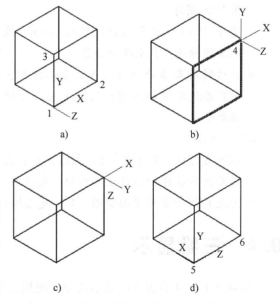

图 9-4　新建用户坐标系统

可以单击"详细信息（T）"按钮查看详细信息，还可以从"相对于"下拉列表框中选择新建 UCS 的参照坐标系。

图 9-5 "命名 UCS"选项卡

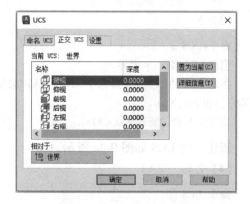

图 9-6 "正交 UCS"选项卡

（3）"设置"选项卡

该选项卡由"UCS 图标设置"和"UCS 设置"两个选项组组成，如图 9-7 所示。

1）UCS 图标设置。

● 开（O）复选按钮：控制是否在屏幕上显示 UCS 图标。

● 显示于 UCS 原点（D）复选按钮：控制 UCS 图标是否显示在坐标原点上。

● 应用到所有活动视口（A）复选按钮：控制是否把当前 UCS 图标的设置应用到所有活动视口。

2）UCS 设置。

● UCS 与视口一起保存（S）复选按钮：控制是否把当前的 UCS 设置与视口一起保存。

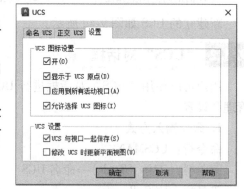

图 9-7 "设置"选项卡

● 修改 UCS 时更新平面视图（U）复选按钮：控制当 UCS 改变时，是否恢复平面视图。

9.4 三维显示

AutoCAD 2024 有强大的显示功能。使用三维观察和导航工具，可以在图形中导航、为指定视图设置相机、创建预览动画以及录制运动路径动画，可以围绕三维模型进行动态观察、回旋、漫游和飞行，用户可以将这些分发给其他人，以从视觉上传达设计意图，与其他人共享设计。

9.4.1 视图管理器

1. 命令输入方式

命令行：VIEW

选项卡："视图"选项卡→"命名视图"面板→"视图管理器"

2. 操作步骤

在命令行输入 VIEW 后,激活"视图管理器"对话框,如图9-8所示。从中可以选择要显示的视图,单击"置为当前(C)"按钮可以将其设置为当前视图。该操作也可以通过单击"视图"→"三维视图"菜单或单击"视图"工具栏上的相应按钮来完成。

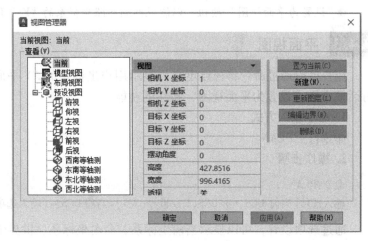

图9-8 "视图管理器"对话框

三维视图包括预设的6个基本视图:俯视、仰视、左视、右视、前视、后视,四个轴测图:西南等轴测、东南等轴测、东北等轴测、西北等轴测,基本可以满足观察模型的需要。

通过视图管理器,用户可以根据需要新建视图或删除选定的视图,更新与选定的视图一起保存的图层信息,使其与当前模型空间或图纸空间中的图层可见性匹配,以及显示命名视图的边界。

9.4.2 视点预设

视点表示用户观察图形和模型的方向。默认的视点坐标是(0,0,1)。用户可以通过"视点预设"命令改变视点坐标。"视点预设"对话框使用两个参数定义视点:一个是视点与坐标原点的连线在 XY 平面上投影与 X 轴的夹角,另一个是连线与 XY 平面的夹角。

1. 命令输入方式

命令行:DDVPOINT 或 VPOINT

命令别名:VP

2. 操作步骤

执行该命令后,屏幕弹出"视点预设"对话框,如图9-9所示。"视点预设"对话框中的左侧图形代表视点与坐标原点连线在 XY 平面投影与 X 轴正向的夹角。右侧图形代表连线与 XY 平面的夹角。

● "绝对于 WCS(W)"单选按钮:表示视点参照世界坐标系定义。

● "相对于 UCS(U)"单选按钮:表示视点参照用户坐标系定义。

● X 轴(A):该文本框设置与 X 轴的夹角。

● XY 平面(P):该文本框设置与 XY 平面的

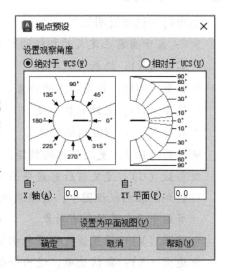

图9-9 "视点预设"对话框

夹角。

● "设置为平面视图"按钮：以能观察到参照坐标系的 *XY* 平面视图方向来设置观察方向。

9.4.3 平面视图

用户可以通过命令将视点定义为显示用户坐标系的 *XY* 平面视图，类似于"视点预设"对话框中的"设置为平面视图"按钮的功能。

1. 命令输入方式

命令行：PLAN

2. 操作步骤

命令：PLAN ↵
输入选项［当前 UCS(C)/UCS(U)/世界(W)］<当前 UCS>：(输入选项或按〈Enter〉键)

通过选项设置，可以显示当前坐标系、命名坐标系、世界坐标系的 *XY* 平面视图。

9.4.4 相机

用户可以在模型空间中放置相机和根据需要调整相机设置来定义三维视图。

1. 命令输入方式

命令行：CAMERA

选项卡："视图"选项卡→"相机"面板→"创建相机"

2. 操作步骤

命令：CAMERA ↵
当前相机设置：高度=0、镜头长度=50 毫米
指定相机位置：(定义一点放置相机)
指定目标位置：(定义一点放置相机目标点)
输入选项［? /名称(N)/位置(LO)/高度(H)/目标(T)/镜头(LE)/剪裁(C)/视图(V)/退出(X)］<退出>：(输入选项或按〈Enter〉键)

命令行中选项说明如下。

● ?：显示当前已定义的相机的列表。

● 名称（N）：给新相机命名。

● 位置（LO）：指定相机的位置。

● 高度（H）：更改相机高度。

● 目标（T）：指定相机的目标。

● 镜头（LE）：更改相机的焦距，焦距以毫米为单位。

● 剪裁（C）：定义前后剪裁平面并设置它们的值，剪裁平面用以确定相机视图的前后边界。在相机视图中，将隐藏相机与前向剪裁平面之间的所有对象，同时将隐藏后向剪裁平面之后的所有对象。

● 视图（V）：设置当前视图与相机匹配，即显示为相机视图。

● 退出（X）：默认选项，退出命令，完成相机的创建。

用户在选择相机时，会弹出"相机预览"对话框，如图 9-10 所示，同时显示相机的夹

点，用户可以使用夹点来编辑相机的位置、目标或焦距。用户还可以通过相机的"特性"选项板来更改相机的参数，如图 9-11 所示，该选项板可以通过双击"相机"打开。

在 AutoCAD 系统中，设置相机相当于设置观察点，主要用于创建并保存对象的三维透视视图。

图 9-10 "相机预览"对话框

9.4.5 三维动态观察

前文介绍的几种观察模式操作比较精确，但是视点的设置很烦琐。AutoCAD 系统提供了一些交互的动态观察器，既可以查看整个图形，也可以从不同方向查看模型中的任意对象。启用 AutoCAD 的三维动态观察功能，需要打开 AutoCAD 导航栏。选择"视图"选项卡，单击"视图工具"面板上的"导航栏"按钮，可在绘图区右侧显示"导航"工具栏，如图 9-12 所示。

微课 9-2 三维动态观察及 ViewCube

1. 受约束的动态观察

将动态观察约束到 XY 平面或 Z 方向。

（1）命令输入方式

命令行：3DORBIT

工具栏："导航"工具栏→⚙

命令别名：3DO，ORBIT

（2）操作步骤

三维动态观察器显示一个弧线球，在屏幕上移动指针即可旋转观察三维模型。

2. 自由动态观察

允许沿任意方向进行动态观察。

（1）命令输入方式

命令行：3DFORBIT

工具栏："导航"工具栏→⚙

（2）操作步骤

三维自由动态观察视图显示一个导航球，它被更小的圆分成四个区域，分别对应不同的旋转方式，移动指针即可旋转观察三维模型。

3. 连续动态观察

允许沿任意方向进行动态观察。

（1）命令输入方式

命令行：3DCORBIT

工具栏："导航"工具栏→⚙

（2）操作步骤

图 9-11 相机"特性"选项板

图 9-12 "导航"工具栏

激活该命令后，指针的形状改为两条实线环绕的球形。用户可以单击鼠标左键并沿任何方向拖动指针，则模型沿拖动方向开始旋转，释放鼠标后，对象在指定的方向上继续旋转运动，指针移动的速度决定了对象的旋转速度。

9.4.6 ViewCube

ViewCube 是用户在二维模型空间或三维视觉样式中处理图形时显示的导航工具。通过 ViewCube，用户可以在标准视图和等轴测视图间切换。显示 ViewCube 时，它将出现在模型绘图区域的一个角上，且处于非活动状态。默认情况下，ViewCube 处于半透明状态，不会遮挡图形对象的显示，如图 9-13 所示。当指针放置在 ViewCube 工具上时，它将变为活动状态，此时，默认情况下 ViewCube 是不透明的。

图 9-13   ViewCube

通过设置，ViewCube 持续存在于图形区，可通过单击和拖动来操作，ViewCube 的顶点、边线和面都可以是操作对象。通过 ViewCube，用户可以很方便地将当前视图在标准视图和轴测图等预设视图之间切换，可以将坐标系在 WCS 以及用户命名的 UCS 之间切换，也可以新建 UCS，操作起来非常灵活。

ViewCube 工具可以在视图更改时提供有关模型当前视点的直观反映。通过 ViewCube 提供的快捷菜单，用户还可以很方便地将当前视图更改为透视图或设置为主视图。ViewCube 的快捷菜单如图 9-14 所示。通过该菜单，用户也可以对 ViewCube 进行设置。

图 9-14   ViewCube 的快捷菜单

9.4.7 模型显示

显示三维模型时，除了视点设置之外，图形的显示类型也是影响显示结果的一个重要因素。在 AutoCAD 中，可以用线框、消隐、着色、渲染多种方式显示模型。

微课 9-3   模型显示

1）在线框显示的模型中，由于所有的边和素线都是可见的，因此很难分辨出是从模型的哪个方向进行观察的。

2）消隐显示可增强图形功能并澄清设计。消隐后的三维模型不显示不可见面，模型的立体感更强。

3）着色显示可生成更真实的模型图像，着色在消隐的同时为可见面指定颜色。

4）渲染显示添加和调整了光源并为表面附着上材质以产生真实效果，使图像的真实感进一步增强。四种显示类型的对照如图 9-15 所示。

1. 消隐

命令输入方式如下。

命令行：HIDE

选项卡："可视化"选项卡→"视觉样式"面板→"隐藏" ⊚

命令别名：HI

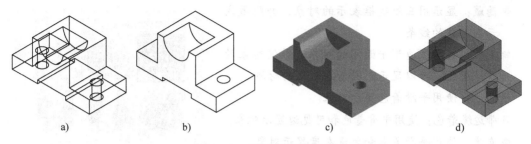

图 9-15　三维模型显示方式

a）线框显示　b）消隐显示　c）着色模型　d）渲染模型

在处理图形时，消隐图形是比较简单的。创建或编辑图形时，处理的是对象或曲面的线框图。消隐操作把被前景对象遮掩的背景对象隐藏起来，从而使图形的显示更加简洁，设计更加清晰，但消隐或渲染后的视图不能编辑。

2. 着色

在 AutoCAD 中，给图形着色通过设置视觉样式来实现。视觉样式是一组自定义设置，用来控制当前视口中三维实体和曲面的边、着色、背景和阴影等的显示。

（1）命令输入方式

命令行：VISUALSTYLES

选项卡："可视化"选项卡→"视觉样式"面板

单击"视觉样式"面板中"二维线框"旁的下拉按钮，弹出如图 9-16 所示的"视觉样式"对话框，通过该对话框可以打开视觉样式管理器。或者单击"视觉样式"面板右下角的斜向箭头 ，也可打开视觉样式管理器。

（2）操作步骤

在命令行输入 VISUALSTYLES，将弹出"视觉样式管理器"选项板，如图 9-17 所示，可以用来修改和设置着色的具体样式，并将其应用到当前视图，视觉样式管理器中常用的特性面板和按钮如下。

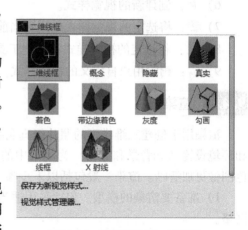

图 9-16　"视觉样式"对话框

1）图形中可用的视觉样式。AutoCAD 2024 预设了 10 种显示三维模型的方式：二维线框、概念、隐藏、真实、着色、带边缘着色、灰度、勾画、三维线框和 X 射线。选择任意一种可用的视觉样式，视觉样式管理器下方会出现对应的设置参数，用户可以进行个性化设置。用鼠标双击某种样式，即可将该样式应用到当前视图。

● 二维线框：显示用直线和曲线表示边界的对象，光栅和 OLE 对象、线型和线宽均可见。

● 概念：着色多边形平面间的对象，并使对象的边平滑化。着色使用的是冷色到暖色的过渡而不是从深色到浅色的过渡，效果缺乏真实感，但是可以更方便地查看模型的细节。

- 隐藏：显示用三维线框表示的对象，并隐藏表示不可见的线条。
- 真实：着色多边形平面间的对象，并使对象的边平滑化，可以显示已附着到对象的材质。
- 着色：使用平滑着色显示对象。
- 带边缘着色：使用平滑着色和可见边显示对象。
- 灰度：使用平滑着色和单色灰度显示对象。
- 勾画：使用线延伸和抖动边修改器显示手绘效果的对象。
- 三维线框：使用直线和曲线表示边界的方式显示对象。
- X 射线：以局部透明度显示对象。

2）面设置：控制面在视口中的外观。

3）边设置：控制边的显示方式。

4）环境设置：控制阴影和背景的显示。

5）光源：控制与光源相关的效果。

6）：创建新的视觉样式。

7）：将选定的视觉样式应用到当前视口。

8）：将选定的视觉样式输出到工具选项板。

9）：删除用户自定义的视觉样式。

图 9-17　视觉样式管理器

9.4.8　渲染

　　渲染用于创建三维模型的照片级真实感着色图像，它使用已设置的光源、已应用的材质和环境设置（如背景和雾化）为场景中的三维模型着色。渲染后的图形比简单的消隐或着色图像更加清晰。渲染一般包括以下步骤。

　　1）准备要渲染的模型。包括采用适当的绘图技术、消除隐藏面、构造平滑着色所需的网格。

　　2）设置渲染器。包括设置渲染目标，输出分辨率，调整采样等以提高图像质量。

　　3）照明设置。包括创建和放置光源、创建阴影。

　　4）材质设置。包括定义场景背景、调整材质、指定材质与可见表面的关系。

　　5）渲染。一般需要通过若干中间步骤检验渲染模型、照明和颜色才能获得满意的效果。

　　上述步骤只是概念上的划分，在实际渲染过程中，这些步骤通常结合使用，也不一定非要按照上述顺序进行。图 9-18 所示为三维实体渲染后的效果图。

1. 渲染设置

（1）命令输入方式

图 9-18　渲染三维实体

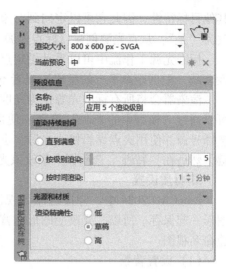

命令行：RPREF

选项卡："可视化"选项卡→"渲染"面板→ ⬚

（2）操作步骤

在命令行输入 RPREF 命令后，会弹出渲染预设
管理器，如图 9-19 所示。可以设置如下内容：

- 渲染位置：用户可在独立窗口中渲染视图区对
  象，也可在当前视口中渲染整个视图区对象或
  只渲染部分对象。
- 渲染大小：设置输出图像的大小和分辨率。
- 当前预设：指定渲染视图或区域时要使用的渲
  染预设。
- 预设信息：显示选定渲染预设的名称和说明。
- 渲染持续时间：控制为创建最终渲染输出而执
  行的迭代时间或层级数。增加时间或层级数可
  提高渲染图像的质量。

图 9-19　渲染预设管理器

- 光源和材质：控制用于渲染图像的光源和材质计算的准确度。

2. 照明设置

场景中没有光源时，可使用默认光源对场景进行渲染。围绕模型动态观察时，默认光源
来源于视点后面的一个或两个平行光源。模型中所有的面均被照亮，默认光源是基于每个视
口设置的。

AutoCAD 2024 中，"阳光"用来模拟自然光源，阳光是一
种可用作光度控制工作流的一部分的特殊光源，类似于平行
光。通过调整阳光发射的强度和颜色可反映一天中不同的时间
和大气状况。阳光与天光是自然照明的主要来源。使用"阳光
与天光模拟"，用户可调整它们的特性并启用天光模拟。使用
天光背景功能可添加由于阳光和大气之间的相互作用而产生的
柔和、微薄的光源效果。阳光可通过"阳光特性"选项板设
置，如图 9-20 所示。

若要更有创意地控制光源，用户可以使用人工标准光源照
亮模型。通过创建点光源、聚光灯、平行光和光域网灯光以达
到想要的效果。用户可以使用夹点编辑移动或旋转光源，将其
打开或关闭以及更改其特性。每个聚光灯和点光源均用轮廓
表示。

命令输入方式

命令行：POINTLIGHT

选项卡："可视化"选项卡→"光源"面板

图 9-20　"阳光特性"选项板

用户可以创建两种点光源。法线点光源不以某个对象为目标，而是照亮它周围的所有对
象。可以使用法线点光源来获得基本光源效果并模拟光源，如蜡烛和灯泡。目标点光源具有

其他目标特性，因此它可以定向到对象。也可以通过将点光源的"目标"特性从"否"更改为"是"，从点光源创建目标点光源。

标准光源工作流中可以手动设定点光源，使其强度随距离线性衰减（根据距离平方的反比）或者不衰减。

渲染器会将所有标准光源作为光度控制光源进行计算。用户可以通过"模型中的光源"管理和使用人工光源（见图9-21），选择光源并使用夹点编辑修改光源。也可以在光源上单击鼠标右键，然后在"特性"选项板中修改该光源的特性。

3. 材质设置

AutoCAD 2024 中，背景与命名视图或相机相关联，并且与图形一起保存。所以，要改变图形的背景，必须先在模型空间新建命名视图。

（1）设置背景

为命名视图设置背景的步骤如下。

1）打开"视图管理器"对话框，如图9-8所示。

2）在视图管理器的"模型视图"列表中选择现有的命名视图。

图9-21 "模型中的光源"选项板

3）在"常规"面板上，单击"背景替代"列表并选择"纯色""渐变色""图像""阳光与天光"，或"编辑"选项，在弹出的"背景"对话框中，设置颜色或选择要用作背景的位图图像，单击"确定"按钮。

4）单击"确定"按钮关闭视图管理器。

（2）设置材质

要设置材质，可依次单击"可视化"选项卡→"材质"面板→ ↘。打开材质编辑器。材质编辑器提供了特性设置，如光泽度、透明度、高光和纹理。更改可用的特性设置，具体取决于正在更新的材质类型。

单击"材质"面板上的"材质浏览器"，可打开"材质浏览器"对话框，其中列出了当前文档可用的材质样例。若要编辑材质的特性设置，可以双击材质样例或在材质样例上单击鼠标右键，在弹出的快捷菜单中选择"编辑"。用户可以指定材质的颜色选项，设置反射、透明度、裁切、自发光、凹凸和染色特性设置的特性。

用户可以通过调用相关的命令和选项板，恰当设置灯光效果、材质效果和背景效果，最终将模型输出为具有照片真实感的图像。

9.5　多视口管理

为了更好地观察和编辑三维图形，用户可以根据需要把屏幕分割成多个视口，可以分别控制各个视口的显示方式。在模型空间可以通过对话框和命令行进行多视口设置。

9.5.1　通过对话框设置多视口

1. 命令输入方式

命令行：VPORTS

选项卡："可视化"选项卡→"模型"面板→"命名" 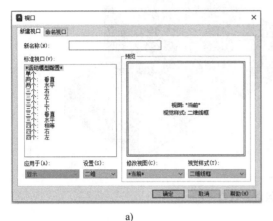

2. 操作步骤

执行命令后，打开如图 9-22 所示的"视口"对话框，包括"新建视口"和"命名视口"两个选项卡。

a)   b)

图 9-22 "视口"对话框

a)"新建视口"选项卡   b)"命名视口"选项卡

1)"新建视口"选项卡显示"标准视口"配置列表框和配置平铺视口。

● 新名称（N）：该文本框可设置新创建的平铺视口配置的名称。

●"标准视口（V）"列表框：列出了可用的标准视口配置，其中包括当前配置。

● 预览：预览选定视口的图像，以及在配置中被分配到每个独立视口的默认视图。

● 应用于（A）：表示将平铺的视口配置应用到整个显示窗口或当前视口。

● 设置（S）：用来指定使用二维或三维显示。如果选择"二维"，则在所有视口中使用当前视图来创建新的视口配置。如果选择"三维"，可以用一组标准正交三维视图配置视口。

● 修改视图（C）：可以从该下拉列表已有的视口配置中选择一个来代替当前选定的视口配置。

2)"命名视口"选项卡显示图形中所有已保存的视口配置。

当前名称：显示当前视口配置的名称。

例如，在"新建视口"选项卡的"标准视口"列表中选择"三个：右"，更改"设置"为"三维"；选中一个左上视口，使用"修改视图"下拉列表调整它的显示方式为"主视"；选中一个左下视口调整它的显示方式为"俯视"；选中一个右侧视口调整它的显示方式为"西南等轴测"；单击"确定"按钮设置的屏幕显示如图 9-23 所示。

9.5.2 使用命令行设置多视口

如果在模型空间的命令提示下输入"–VPORTS"，则可以使用命令行设置多视口。

命令：–VPORTS

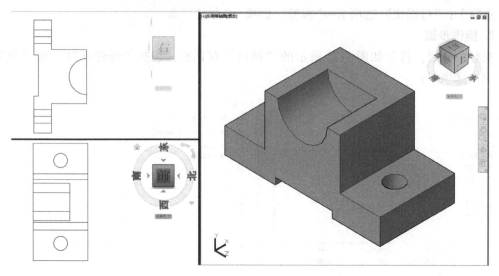

图 9-23　设置多视口

输入选项[保存(S)/恢复(R)/删除(D)/合并(J)/单一(SI)/? /2/3/4]<3>:(输入选项或按〈Enter〉键)
输入配置选项[水平(H)/垂直(V)/上(A)/下(B)/左(L)/右(R)]<右>:(输入配置选项或按〈Enter〉键)

- 保存（S）：使用指定的名称保存当前视口配置。
- 恢复（R）：恢复以前保存的视口配置。
- 删除（D）：删除命名的视口配置。
- 合并（J）：将两个邻接的视口合并为一个较大的视口，得到的视口将继承主视口的视图。
- 单一（SI）：将图形返回到单一视口的视图中，该视图使用当前视口的视图。
- ?：显示活动视口的标识号和屏幕位置。
- 2：将当前视口拆分为相等的两个视口。
- 3：将当前视口拆分为三个视口。
- 4：将当前视口拆分为大小相同的四个视口。
- 水平(H)/垂直(V)/上(A)/下(B)/左(L)/右(R)："水平"和"垂直"选项将视口分为相等的部分，并指定排列方式。"上""下""左"和"右"选项通常用来指定较大视口的位置。

9.6　习题

1. 熟悉用户坐标系的新建和定制。
2. 熟悉三维显示方法，练习基本的三维视图导航命令，并在绘图过程中能灵活运用。
3. 练习渲染方法，将 AutoCAD 三维图形输出为彩色图片。
4. 设置屏幕为四个视口，并分别显示三维对象的主视图、俯视图、左视图和西南轴测图。

第10章 三维建模

本章主要内容：
- 创建基本实体
- 使用二维对象生成三维实体或曲面
- 使用布尔运算创建复杂实体
- 编辑三维实体
- 创建网格对象

AutoCAD 2024 中除了具有强大的二维绘图功能之外，其三维建模功能也非常全面。既可以使用长方体、圆柱体、球体、棱锥体等基本命令实现简单几何体的建模，也可以通过对二维截面图形进行拉伸、旋转、扫描等操作实现基于特征的建模。而通过对已经生成的三维实体模型进行交集、并集和差集的布尔运算，则可以生成更复杂的零件模型。

10.1 创建基本实体

使用 AutoCAD 2024 进行三维建模，首先要将工作空间切换为"三维建模"工作空间，如图 10-1 所示。

AutoCAD 2024 提供的三维基本实体有"长方体""圆柱体""圆锥体""球体""棱锥体""楔体""圆环体"和"多段体"。绘制三维实体的"建模"面板位于功能区的"常用"选项卡下，如图 10-2 所示。

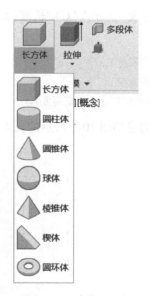

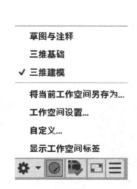

图 10-1　切换工作空间　　　　图 10-2　"建模"面板

10.1.1 创建长方体

1. 命令输入方式

命令行：BOX

选项卡："常用"选项卡→"建模"面板→"长方体" ▢

2. 操作步骤

命令:BOX
指定第一个角点或[中心(C)]:(指定第一个角点)↵
指定其他角点或[立方体(C)/长度(L)]:(指定第二个角点)
指定高度或[两点(2P)]:(输入长方体高度值)↵

执行结果：绘制了一个长方体。命令行中其他选项的含义如下。

（1）中心（C）

命令:BOX
指定第一个角点或[中心(C)]:C↵
指定中心:(指定长方体的中心)↵
指定角点或[立方体(C)/长度(L)]:(指定一个角点)↵

📖 注意：如果指定的角点与中心点的 z 坐标值相同，则还要求指定长方体的高度。

（2）立方体（C）

在"指定角点或[立方体(C)/长度(L)]"的提示下输入 C，系统创建一个立方体，此时系统提示：

指定长度:(输入立方体的边长)↵

（3）长度（L）

在"指定角点或[立方体(C)/长度(L)]"的提示下输入 L，系统创建一个立方体，此时系统提示：

指定长度:(指定长度)↵
指定宽度:(指定宽度)↵
指定高度或[两点(2P)]:(指定高度)↵

【例 10-1】 创建如图 10-3 所示的长方体和立方体。

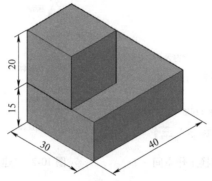

微课 10-1　创建长
方体和立方体

图 10-3　长方体和立方体

命令:BOX
指定第一个角点或[中心(C)]:(指定第一个角点)↙
指定其他角点或[立方体(C)/长度(L)]:@40,30↙
指定高度或[两点(2P)]<100>:15↙
命令:BOX
指定第一个角点或[中心(C)]:(捕捉第一个长方体的左上后角点)↙
指定其他角点或[立方体(C)/长度(L)]:C↙
指定长度 <10.0000>:20↙

10.1.2 绘制圆柱体

1. 命令输入方式

命令行:CYLINDER

选项卡:"常用"选项卡→"建模"面板→"圆柱"

2. 操作步骤

命令:CYLINDER
指定底面的中心点或[三点(3P)/两点(2P)/相切、相切、半径(T)/椭圆(E)]:(指定圆柱底面中心点)↙
指定底面半径或[直径(D)]:(输入底面半径值)↙
指定高度或[两点(2P)/轴端点(A)]:(输入高度值)↙

执行结果:绘制一个圆柱体。命令行中其他选项的含义如下。

(1) 三点(3P)

通过指定三个点来定义圆柱体的底面周长和底面。

在"指定底面的中心点或[三点(3P)/两点(2P)/相切、相切、半径(T)/椭圆(E)]:"提示下输入"3P",系统提示如下:

指定第一点:(指定圆周上第1点)↙
指定第二点:(指定圆周上第2点)↙
指定第三点:(指定圆周上第3点)↙
指定高度或[两点(2P)/轴端点(A)]<默认值>:(输入高度值)↙

上述命令行中其他选项含义如下。

● 两点(2P)。指定圆柱体的高度为两个指定点之间的距离。

在"指定高度或[两点(2P)/轴端点(A)]:"提示下输入"2P",系统提示:

指定第一个点:(指定第1点)↙
指定第二个点:(指定第2点)↙

● 轴端点(A)。指定圆柱体轴的端点位置,此端点是圆柱体的顶面中心点。轴端点可以位于三维空间的任何位置。轴端点定义了圆柱体的长度和方向。

在"指定高度或[两点(2P)/轴端点(A)]:"提示下输入A,系统提示:

指定轴端点:(指定点)↙

(2) 两点(2P)

通过指定两个点来定义圆柱体的底面直径。

在"指定底面的中心点或[三点(3P)/两点(2P)/相切、相切、半径(T)/椭圆(E)]:"提示下输入"2P",系统提示如下:

指定直径的第一个端点:(指定圆周上第 1 点)↵
指定直径的第二个端点:(指定圆周上第 2 点)↵
指定高度或[两点(2P)/轴端点(A)]<默认值>:(指定高度、输入选项或按〈Enter〉键使用默认高度值)↵

（3）相切、相切、半径（T）

定义具有指定半径且与两个对象相切的圆柱体底面。

在"指定底面的中心点或[三点(3P)/两点(2P)/相切、相切、半径(T)/椭圆(E)]:"提示下输入 T,此时系统提示:

指定对象上的点作为第一个切点:(选择第一个对象上的点)↵
指定对象上的点作为第二个切点:(选择第二个对象上的点)↵
指定底面半径 <默认值>:(指定底面半径,直接按〈Enter〉键使用默认值)↵
指定高度或[两点(2P)/轴端点(A)]<默认值>:(指定高度)↵

（4）椭圆（E）

此选项可以绘制底面为椭圆的圆柱体。

在"指定中心点或[三点(3P)/两点(2P)/相切、相切、半径(T)/椭圆(E)]:"提示下输入 E,此时系统提示:

指定第一个轴的端点或[中心(C)]:(指定第 1 个轴的 1 个端点)↵
指定第一个轴的另一个端点:(指定第 1 个轴的另 1 个端点)↵
指定第二个轴的端点:(指定第 2 个轴的 1 个端点)↵
指定高度或[两点(2P)/轴端点(A)]<默认值>:(指定高度)↵

● 中心（C）。使用指定的中心点创建椭圆柱体的底面。

指定中心点:(指定中心点)↵
指定到第一个轴的距离 <默认值>:(输入距离值)↵
指定第二个轴的端点:(指定第 2 个轴的 1 个端点)↵
指定高度或[两点(2P)/轴端点(A)]<默认值>:(指定高度)↵

圆柱与椭圆柱实体的实例如图 10-4 所示。

10.1.3 绘制圆锥体

创建一个圆锥体或椭圆锥体。

1. 命令输入方式

命令行：CONE

选项卡："常用"选项卡→"建模"面板→"圆锥体" ◬

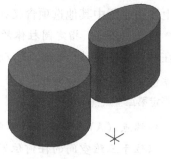

图 10-4　圆柱与椭圆柱

2. 操作步骤

命令:CONE

指定底面的中心点或[三点(3P)/两点(2P)/相切、相切、半径(T)/椭圆(E)]:(指定底面圆的中心点)↵

指定底面半径或[直径(D)]<60>:(输入底面半径)↵

指定高度或[两点(2P)/轴端点(A)/顶面半径(T)]<80>:(输入高度)↵

"顶面半径（T）"选项含义如下。

在"指定高度或[两点(2P)/轴端点(A)/顶面半径(T)]"提示下输入T，系统提示：

指定顶面半径 <0.0000>:(输入顶面半径)↵

指定高度或[两点(2P)/轴端点(A)]<80>:(指定高度)↵

执行结果：如果顶面半径不为 0，可以绘制一个圆台。

命令行中其他各选项的含义如 10.1.2 节所述。圆锥体与椭圆台实例如图 10-5 所示。

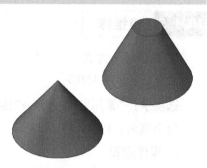

10.1.4 创建球体

1. 命令输入方式

命令行：SPHERE

选项卡："常用"选项卡→"建模"面板→"球" 🔘

图 10-5　圆锥体与椭圆台

2. 操作步骤

命令:SPHERE

指定中心点或[三点(3P)/两点(2P)/相切、相切、半径(T)]:(指定球体球心点)↵

指定半径或[直径(D)]:(输入半径值)↵

这里也可以输入 D，再输入直径值，执行结果如图 10-6 所示。

命令行中其他选项含义如下。

● 三点（3P）。通过在三维空间的任意位置指定三个点来定义球体的圆周。三个指定点也可以定义圆周平面。

在"指定中心点或[三点(3P)/两点(2P)/相切、相切、半径(T)]:"提示下输入"3P"，此时系统提示：

图 10-6　球体

指定第一点:(指定圆周上第 1 点)↵

指定第二点:(指定圆周上第 2 点)↵

指定第三点:(指定圆周上第 3 点)↵

● 两点（2P）。通过在三维空间的任意位置指定两个点来定义球体的圆周。第一点的 z 值定义圆周所在平面。

在"指定中心点或[三点(3P)/两点(2P)/相切、相切、半径(T)]:"提示下输入"2P"，此时系统提示：

指定直径的第一个端点:(指定圆周上第 1 点)↵

指定直径的第二个端点:(指定圆周上第 2 点)↵

● 相切、相切、半径（T）。通过指定半径定义可与两个已知对象相切的球体。

在"指定中心点或[三点(3P)/两点(2P)/相切、相切、半径(T)]:"提示下输入 T，此时系统提示：

> 指定对象上的点作为第一个切点:(在对象上选择一个点)↵
> 指定对象上的点作为第二个切点:(在对象上选择一个点)↵
> 指定半径 <默认值>:(输入半径值)↵

📖 注意：最初，默认半径未设置任何值。在绘制图形时，半径默认值始终是先前输入的任意实体图元的半径值。

10.1.5 棱锥体

1. 命令输入方式

命令行：PYRAMID

选项卡："常用"选项卡→"建模"面板→"棱锥体"

命令别名：PYR

2. 操作步骤

> 命令:PYRAMID
> 4 个侧面 外切
> 指定底面的中心点或[边(E)/侧面(S)]:(指定底面中心点)↵
> 指定底面半径或[内接(I)]<10>:(指定底面半径)↵
> 指定高度或[两点(2P)/轴端点(A)/顶面半径(T)]<25>:(指定高度)↵

执行结果：绘制一个棱锥体。

"边（E）""侧面（S）""内接（I）"等选项含义如下。

● 边（E）。指定棱锥体底面一条边的长度绘制棱锥体。

在"指定底面的中心点或[边(E)/侧面(S)]:"提示下，输入 E，系统提示：

> 指定边的第一个端点:(指定底边的第一个端点)↵
> 指定边的第二个端点:(指定底边的第二个端点)↵
> 指定高度或[两点(2P)/轴端点(A)/顶面半径(T)]<25>:(指定高度)↵

● 侧面（S）。指定棱锥体的侧面数。

在"指定底面的中心点或[边(E)/侧面(S)]:"提示下，输入 S，系统提示：

> 指定侧面数 <默认>:(输入侧面数值,可以输入 3~32 的数,默认值为 4)↵

● 内接（I）。指定棱锥体底面内接于（在内部绘制）以底面半径值为半径的圆。

在"指定底面半径或[内接(I)]<48>:"提示下，输入 I，系统接着提示：

> 指定底面半径或[外切(C)]<48>:(指定底面半径)↵

如果此时输入 C，则棱锥体底面外切于以底面半径值为半径的圆。

其他各选项的含义同 10.1.3 节所述。

10.1.6 楔体

1. 命令输入方式

命令行：WEDGE

选项卡："常用"选项卡→"建模"面板→"楔体"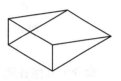

2. 操作步骤

楔体的创建方法与长方体比较类似，它相当于把长方体沿体对角线切去一半后得到的实体。具体创建方法可参照 BOX 命令的使用。楔体的例子如图 10-7 所示。

图 10-7　楔体

10.1.7 圆环体

1. 命令输入方式

命令行：TORUS

选项卡："常用"选项卡→"建模"面板→"圆环" ⊚

命令别名：TOR

2. 操作步骤

命令:TORUS
指定中心点或[三点(3P)/两点(2P)/相切、相切、半径(T)]:(指定一点为圆环体中心)↵
指定半径或[直径(D)]<20.0000>:(输入圆环体半径值)↵
指定圆管半径或[两点(2P)/直径(D)]:(输入圆管半径值)↵

命令行中各选项含义如上文所述。

如果圆管半径大于圆环半径，则圆环体无中心孔，就像一个两极凹陷的球体，如图 10-8a 所示；如果圆环半径为负值，圆管半径绝对值必须大于圆环半径绝对值，此时将生成一个类似橄榄球的实体，如图 10-8b 所示。

10.1.8 创建多段体

1. 命令输入方式

命令行：POLYSOLID

选项卡："常用"选项卡→"建模"面板→"多段体" ▱

2. 操作步骤

使用 POLYSOLID 命令绘制实体的方法与绘制多线段一样。

命令:POLYSOLID
高度=80.0000，宽度=5.0000，对正=居中
指定起点或[对象(O)/高度(H)/宽度(W)/对正(J)]<对象>:(指定多段体的起点)
指定下一个点或[圆弧(A)/放弃(U)]:(指定多段体的下一个点)
指定下一个点或[圆弧(A)/放弃(U)]:(指定多段体的下一个点)
指定下一个点或[圆弧(A)/闭合(C)/放弃(U)]:(指定多段体的下一个点)

绘制如图 10-9 所示的多段体。

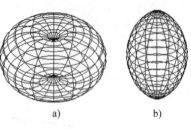

图 10-8　特殊圆环体

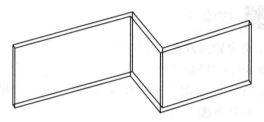

图 10-9　绘制的多段体

命令中其他各选项含义如下。

● 对象（O）：将一个已知的二维对象转换为多段体。输入 O 激活该选项后，系统提示：

选择对象:(选择要转换为实体的对象)

● 高度（H）：设置多段体的高度。输入 H 激活该选项后，系统提示：

指定高度 <80.0000>:(输入多段体的高度值)

● 宽度（W）：设置多段体的宽度。输入 W 激活该选项后，系统提示：

指定宽度 <5.0000>:(输入多段体的宽度值)

● 对正（J）：设置多段体的对正方式。输入 J 激活该选项后，系统提示：

输入对正方式[左对正(L)/居中(C)/右对正(R)]<居中>:(输入对正方式的选项或按〈Enter〉键指定居中对正)

10.2　由二维对象创建三维实体或曲面

利用基本实体创建三维实体方便、简单，但是生成的实体模型种类有限。AutoCAD 2024 可以通过对二维对象进行拉伸（EXTRUDE）、旋转（REVOLVE）、扫掠（SWEEP）、放样（LOFT）等操作生成更为复杂多样的三维实体或曲面。如果用于拉伸、旋转、扫掠、放样的轮廓形状（横截面）是闭合的，如闭合二维多段线或面域等，将创建实体；如果轮廓形状是开放的，将创建曲面。

10.2.1　拉伸

为二维对象添加厚度，创建三维实体或曲面。用户可以按指定高度或沿指定路径拉伸对象。

1. 命令输入方式

命令行：EXTRUDE

选项卡："常用"选项卡→"建模"面板→"拉伸" █

命令别名：EXT

2. 操作步骤

命令:EXTRUDE
当前线框密度:ISOLINES=4,闭合轮廓创建模式=实体

选择要拉伸的对象或[模式(MO)]:_MO 闭合轮廓创建模式[实体(SO)/曲面(SU)]<实体>:_SO
选择要拉伸的对象或[模式(MO)]:(选择对象)↵
选择要拉伸的对象或[模式(MO)]:
指定拉伸的高度或[方向(D)/路径(P)/倾斜角(T)/表达式(E)]<84>:(输入高度值)↵

可拉伸对象包括直线、圆弧、椭圆弧、二维多段线、二维样条曲线、圆、椭圆、三维面、二维实体、宽线、面域、平面曲面和实体上的平面等。

如果拉伸闭合对象，则生成的对象为实体。如果拉伸开放对象，则生成的对象为曲面，如图 10-10 所示。正六边形拉伸得到正六棱柱，曲线拉伸得到曲面。

默认的拉伸方向为二维图形所在平面的法线方向，正值为正向拉伸对象，负值为负向拉伸对象。

命令行中其他选项含义如下。

● 方向（D）。通过指定的两点确定拉伸的长度和方向。

在"指定拉伸的高度或[方向(D)/路径(P)/倾斜角(T)]/表达式(E)"提示下，输入D，系统接着提示：

指定方向的起点:(指定点)↵
指定方向的端点:(指定点)↵

● 路径（P）。指定路径拉伸。

在"指定拉伸的高度或[方向(D)/路径(P)/倾斜角(T)/表达式(E)]"提示下，输入P，系统接着提示：

选择拉伸路径或[倾斜角(T)]:(指定拉伸的路径)↵

该路径可以是直线、圆、圆弧、椭圆、椭圆弧、二维多段线、三维多段线、二维样条曲线、三维样条曲线、实体的边、曲面的边或螺旋线等。

路径不能与要拉伸的对象在同一个平面内，但路径应该有一个端点在拉伸对象所在的平面上。

● 倾斜角（T）。指定拉伸的倾斜方向。

在"指定拉伸的高度或[方向(D)/路径(P)/倾斜角(T)/表达式(E)]"，或者在"选择拉伸路径或[倾斜角(T)]"提示下，输入T，系统接着提示：

指定拉伸的倾斜角 <0>:(指定倾斜的角度)↵

倾斜角度必须在-90°~90°。正角度表示向内倾斜，负角度表示向外倾斜。默认倾斜角度为0°。如果倾斜角度不合适，使得在没有到达指定高度之前有相交发生，则不能生成对象。对圆弧进行带有倾斜角的拉伸时，圆弧的半径会改变。此外，样条曲线的倾斜角只能为0°。倾角为0°、20°、-20°的拉伸结果如图 10-11 所示。

● 表达式（E）。通过输入公式或方程式以指定拉伸高度。

10.2.2 放样

1. 命令输入方式

命令行：LOFT

微课 10-2　倾斜拉
伸二维对象

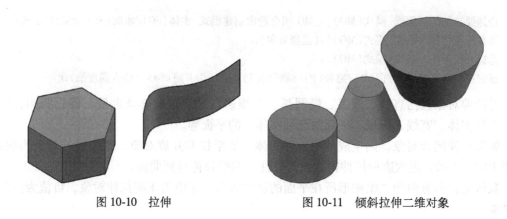

图 10-10　拉伸　　　　　　　　　　图 10-11　倾斜拉伸二维对象

选项卡："常用"选项卡→"建模"面板→"放样"

2. 操作步骤

命令：LOFT
按放样次序选择横截面：(指定横截面)
按放样次序选择横截面：(指定横截面)
按放样次序选择横截面：↵
输入选项[导向(G)/路径(P)/仅横截面(C)/设置(S)]<仅横截面>：

📖 注意：使用 LOFT 命令时必须指定至少两个横截面。

命令行中各选项含义如下。

1）导向（G）。使用导向曲线控制放样实体或曲面形状。

导向曲线可以是直线或曲线，可通过将其他线框信息添加至对象来进一步定义实体或曲面的形状。每条导向曲线必须满足以下条件才能正常工作。

● 与每个横截面相交。

● 始于第一个横截面。

● 止于最后一个横截面。

可以为放样曲面或实体选择任意数量的导向曲线。

在"输入选项[导向(G)/路径(P)/仅横截面(C)/设置(S)]<仅横截面>："提示下，输入 G，系统接着提示：

选择导向曲线：(选择导向曲线)

使用"导向"选项放样的结果如图 10-12 所示。

2）路径（P）。指定放样实体或曲面的单一路径。

在"输入选项[导向(G)/路径(P)/仅横截面(C)/设置(S)]<仅横截面>："提示下，输入 P，系统接着提示：

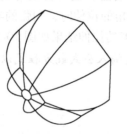

图 10-12　使用"导向"选项放样的结果

选择路径:(指定一个单一路径)

📖 注意：路径曲线必须与横截面的所有平面相交。

使用"路径"选项放样的结果如图 10-13 所示。

3）仅横截面（C）。在不使用导向或路径的情况下，仅依靠截面本身创建放样对象。

在"输入选项[导向(G)/路径(P)/仅横截面(C)/设置(S)]<仅横截面>:"提示下直接按〈Enter〉键即可。使用"仅横截面"选项放样的结果如图 10-14 所示。

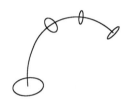

图 10-13　使用"路径"选项放样的结果　　　　图 10-14　使用"仅横截面"选项放样的结果

4）设置（S）。使用"放样设置"对话框对放样结果进行控制。

在"输入选项[导向(G)/路径(P)/仅横截面(C)/设置(S)]<仅横截面>:"提示下，输入S，系统弹出如图 10-15 所示的"放样设置"对话框。

其中，各选项含义如下。

● 直纹（R）：指定实体或曲面在横截面之间是直纹（直的），并且在横截面处具有鲜明边界。

● 平滑拟合（F）：指定在横截面之间绘制平滑实体或曲面，并且在起点和终点横截面处具有鲜明边界。

● 法线指向（N）：控制实体或曲面在其通过横截面处的曲面法线。

在其下拉列表中选项有：

①起点横截面，指定曲面法线为起点横截面的法向。

图 10-15　"放样设置"对话框

②终点横截面，指定曲面法线为终点横截面的法向。

③起点和终点横截面，指定曲面法线为起点和终点横截面的法向。

④所有横截面，指定曲面法线为所有横截面的法向。

● 拔模斜度（D）：控制放样实体或曲面的第一个和最后一个横截面的拔模斜度和幅值。

①起点角度（S），指定起点横截面的拔模斜度。

②起点幅值（T），在曲面开始弯向下一个横截面之前，控制曲面到起点横截面在拔模斜度方向上的相对距离。

③端点角度（E），指定终点横截面拔模斜度。

④端点幅值（M），在曲面开始弯向上一个横截面之前，控制曲面到终点横截面在拔模斜度方向上的相对距离。

● 闭合曲面或实体（C）：闭合和开放曲面或实体。使用该选项时，横截面应该形成圆环形图案，以便放样曲面或实体可以形成闭合的圆管。

10.2.3　旋转

通过绕一个轴旋转二维对象来创建三维实体或曲面。

1. 命令输入方式

命令行：REVOLVE

选项卡："常用"选项卡→"建模"面板→"旋转" 🍩

命令别名：REV

2. 操作步骤

命令:REVOLVE ↵
当前线框密度:ISOLINES=4,闭合轮廓创建模式=实体
选择要旋转的对象或[模式(MO)]:_MO 闭合轮廓创建模式[实体(SO)/曲面(SU)]<实体>:_SO
选择要旋转的对象或[模式(MO)]:(选择要旋转的对象,可选择多个)
选择要旋转的对象或[模式(MO)]:↵
指定轴起点或根据以下选项之一定义轴[对象(O)/X/Y/Z]<对象>:

命令行中各选项含义如下。

● 指定轴起点：该选项以用户指定的两点的连线为旋转轴。轴的正方向从第一个点指向第二个点。

● 对象（O）：选择已有的直线或非闭合多段线定义轴。如果选择的是多段线，则轴向为多段线两端点的连线。轴的正方向是从该直线上距选择点较近的端点指向较远的端点。

● X：使用当前 UCS 的 X 轴正向作为旋转轴的正方向。

● Y：使用当前 UCS 的 Y 轴正向作为旋转轴的正方向。

● Z：使用当前 UCS 的 Z 轴正向作为旋转轴的正方向。

指定好旋转轴后，系统提示输入旋转角度，默认值是 360°。

指定旋转角度或[起点角度(ST)/反转(R)/表达式(EX)]<360>:(输入旋转角)↵

旋转时按照旋转轴的正向，以右手定则判定旋转的正方向。

● 起点角度（ST）：可以指定从旋转对象所在平面开始的旋转偏移。这时系统提示：

指定起点角度 <0>:(输入偏移转角)↵
指定旋转角度 <360>:(输入旋转角)↵

● 反转（R）：更改旋转方向；类似于输入负角度值。

● 表达式（EX）。通过输入公式或方程式以指定旋转角度。

旋转二维线条创建实体的例子如图 10-16 所示。任何封闭的多段线、多边形、圆、椭圆、样条曲线、圆环或面域等都可以作为旋转对象。但是不能旋转包含在块中的对象，也不能旋转具有相交或自相交线段的对象。

10.2.4 扫掠

1. 命令输入方式

命令行：SWEEP

选项卡："常用"选项卡→"建模"面板→"扫掠"

2. 操作步骤

命令:SWEEP
当前线框密度:ISOLINES＝4,闭合轮廓创建模式＝实体
选择要扫掠的对象或[模式(MO)]:_MO 闭合轮廓创建模式[实体(SO)/曲面(SU)]<实体>:_SO
选择要扫掠的对象或[模式(MO)]:(选择要旋转的对象)
选择要扫掠的对象或[模式(MO)]:↵
选择扫掠路径或[对齐(A)/基点(B)/比例(S)/扭曲(T)]:

命令行中各选项含义如下。

● 扫掠路径：直接选择扫掠的路径。生成扫掠体。扫掠体实例如图 10-17 所示。

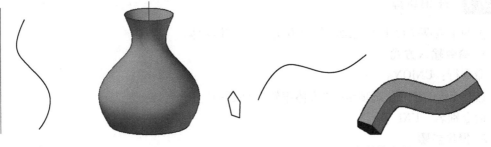

图 10-16 旋转二维对象　　　　图 10-17 扫掠体实例

● 对齐（A）：指定是否对齐轮廓，以使其作为扫掠路径切向的法向，默认为对齐。

在"选择扫掠路径或[对齐(A)/基点(B)/比例(S)/扭曲(T)]"提示下，输入 A，系统接着提示：

扫掠前对齐垂直于路径的扫掠对象[是(Y)/否(N)]<是>:

注意：如果轮廓曲线不垂直于（法线指向）路径曲线起点的切向，则轮廓曲线将自动对齐。出现对齐提示时输入 No 可以避免该情况的发生。

● 基点（B）：指定要扫掠对象的基点。在"选择扫掠路径或[对齐(A)/基点(B)/比例(S)/扭曲(T)]"提示下，输入 B，系统接着提示：

指定基点:(指定选择集的基点)↵

如果指定的点不在选定对象所在的平面上，则该点将被投影到该平面上。

● 比例（S）：指定比例因子以进行扫掠操作。在"选择扫掠路径或[对齐(A)/基

点(B)/比例(S)/扭曲(T)]"提示下,输入S,系统接着提示:

输入比例因子或[参照(R)]<1.0000>:(指定比例因子)↵

其中,"参照(R)"表示通过拾取点或输入值来根据参照的长度缩放选定的对象。在"输入比例因子或[参照(R)]<1.0000>"提示下,输入R,系统接着提示:

指定起点参照长度 <1.0000>:(指定要缩放选定对象的起始长度)↵
指定终点参照长度 <1.0000>:(指定要缩放选定对象的最终长度)↵

● 扭曲(T):设置被扫掠对象的扭曲角度。在"选择扫掠路径或[对齐(A)/基点(B)/比例(S)/扭曲(T)]"提示下,输入T,系统接着提示:

输入扭曲角度或允许非平面扫掠路径倾斜[倾斜(B)]<n>:(输入角度值)↵

输入B允许倾斜。

10.3 用布尔运算创建三维实体

用布尔运算创建实体,是指在实体之间通过 UNION(并集)、SUBTRACT(差集)、INTERSECT(交集)的逻辑运算生成复杂三维实体。

10.3.1 并集运算

把两个或两个以上的三维实体合并为一个三维实体。

1. 命令输入方式

命令行:UNION

选项卡:"常用"选项卡→"实体编辑"面板→"并集" ⬦

命令别名:UNI

2. 操作步骤

命令:UNION ↵
选择对象:(选择要合并的对象,可选择多个)
选择对象:↵

UNION 命令可以完成实体之间的组合,所选择的实体之间可以相交,也可以不相交。重新组合的实体由选择的所有实体组成。图 10-18a 所示为合并之前的线框,图 10-18b 所示为合并之后的线框。

10.3.2 差集运算

从一组实体中减去另一组实体。

1. 命令输入方式

命令行:SUBTRACT

选项卡:"常用"选项卡→"实体编辑"面板→"差集" ⬦

命令别名:SU

微课 10-3 布尔
运算

2. 操作步骤

命令:SUBTRACT ↵

选择要从中减去的实体或面域…

选择对象:(选择被减去的对象)

选择对象:↵

选择要减去的实体或面域…

选择对象:(选择要减去的对象)

选择对象:↵

如果选择的被减对象的数目多于一个，AutoCAD 2024 在进行 SUBTRACT 命令前会自动运行 UNION 命令先将它们合并。同样，AutoCAD 2024 也会对多个减去对象进行合并。

选择时如果颠倒了选择的先后顺序，会产生不同的结果。图 10-18c 所示为图 10-18a 求差集的结果。

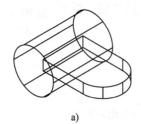 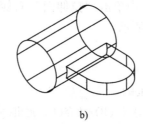 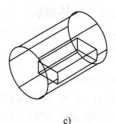

a)   b)   c)

图 10-18　布尔运算

10.3.3　交集运算

用两个或两个以上实体的公共部分创建复合实体，并删除非重叠部分。

1. 命令输入方式

命令行：INTERSECT

选项卡："常用" 选项卡→"实体编辑" 面板→"交集" ▣

命令别名：IN

2. 操作步骤

命令:INTERSECT ↵

选择对象:(选择对象)

参加交集运算的多个实体之间必须有公共部分。对于两两相交的图形，求交集会得到空集。图 10-19 所示为两个重叠的长方体进行交集运算的结果。

实体对象进行布尔运算后不再保留原来各对象，只能用 UNDO 命令恢复运算前的实体形状。因此，可以在进行布尔运算之前把原实体复制或做成块保留起来。

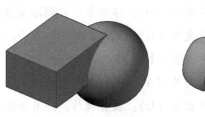

图 10-19　求交集运算

10.4 编辑三维实体

在三维模型中除了可以利用"三维旋转""三维阵列""对齐""三维镜像"命令对实体进行操作，还可以编辑实体模型的面、边和体。

10.4.1 编辑实体表面

AutoCAD 提供了一个功能强大的编辑实体命令 SOLIDEDIT。使用 SOLIDEDIT 命令可以对实体表面、边界、体进行编辑。

1. 命令输入方式

命令行：SOLIDEDIT

选项卡："常用"选项卡→"实体编辑"面板→"拉伸面"

也可以在"实体编辑"面板中单击"拉伸面"右侧下拉按钮，选择其他表面编辑方式，如图 10-20 所示。

图 10-20 编辑实体表面命令按钮

2. 操作步骤

命令：SOLIDEDIT ↵
实体编辑自动检查：SOLIDCHECK = 1
输入实体编辑选项 [面(F)/边(E)/体(B)/放弃(U)/退出(X)] <退出>：F ↵
输入面编辑选项
[拉伸(E)/移动(M)/旋转(R)/偏移(O)/倾斜(T)/删除(D)/复制(C)/颜色(L)/材质(A)/放弃(U)/退出(X)] <退出>：

命令行中各选项含义如下。

- 拉伸（E）：沿指定高度或路径拉伸实体表面。
- 移动（M）：按指定距离移动实体表面。
- 旋转（R）：绕指定的轴旋转一个或多个面或实体的某些部分。当旋转孔时，如果旋转轴或旋转角度选取不当，会导致孔旋转出实体范围。
- 偏移（O）：按指定的距离或通过指定的点均匀地偏移面。正值增大实体尺寸或体积，负值减小实体尺寸或体积。
- 倾斜（T）：按角度倾斜面，角度的正方向由右手定则决定。大拇指指向为从基点指向第二点。
- 删除（D）：该命令可以删除实体上的圆角和倒角。
- 复制（C）：可以复制实体表面。如果选择了实体的全部表面则产生一个曲面模型。
- 颜色（L）：修改面的颜色。
- 材质（A）：将材质指定到选定面。
- 放弃（U）：放弃操作，一直返回到 SOLIDEDIT 任务的开始状态。
- 退出（X）：退出面编辑选项并显示"输入实体编辑选项"提示。

图 10-21 所示是使用实体表面编辑命令的例子。

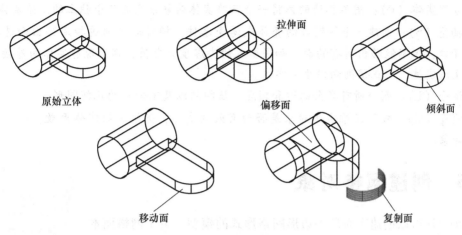

图 10-21　编辑实体表面

10.4.2　编辑实体边

在 SOLIDEDIT 命令选项中选择"边(E)"可以对实体的边进行编辑，操作过程如下。

命令:SOLIDEDIT
实体编辑自动检查:SOLIDCHECK=1
输入实体编辑选项[面(F)/边(E)/体(B)/放弃(U)/退出(X)]<退出>:E↵
输入边编辑选项[复制(C)/着色(L)/放弃(U)/退出(X)]<退出>:

"复制""着色"选项含义如下。

● 复制（C）：复制三维边。所有三维实体的边可被复制为直线、圆弧、圆、椭圆或样
条曲线。使用边复制可以从一个实体模型中产生其线框模型。
● 着色（L）：修改边的颜色，可以为每条边指定不同的颜色。

其他各选项含义同上。

10.4.3　编辑体

编辑整个实体对象，包括在实体上压印其他几何图形，将实体分割为独立实体对象，抽
壳、清除或检查选定的实体，操作过程如下。

命令:SOLIDEDIT↵
实体编辑自动检查:SOLIDCHECK=1
输入实体编辑选项[面(F)/边(E)/体(B)/放弃(U)/退出(X)]<退出>:B↵
输入体编辑选项
[压印(I)/分割实体(P)/抽壳(S)/清除(L)/检查(C)/放弃(U)/退出(X)]<退出>:

命令行中各选项含义如下。

● 压印（I）：在选定的 3D 对象表面上留下另一个对象的痕迹。为了使压印操作成功，
被压印的对象必须与选定对象的一个或多个面相交。被压印对象可以是圆弧、圆、直
线、二维和三维多段线、椭圆、样条曲线、面域、体及三维实体。

- 分割实体（P）：用不相连的体将一个三维实体对象分割为几个独立的三维实体对象。
- 抽壳（S）：创建一个等壁厚的壳体或薄壳零件。操作时可通过指定移出面选择壳的开口，但不能移出所有的面。如果输入的壳厚度为负值，则沿现有实体向外按壳厚度生成实体，为正值则向内生成实体。
- 清除（L）：删除所有多余的边和顶点，压印的以及不使用的几何图形。
- 检查（C）：校验三维实体对象是否为有效的实体，如果三维实体无效，则不能编辑对象。

10.5　创建网格对象

图 10-22　创建网格
图元选项菜单

AutoCAD 可以创建表面是多边形网格形式的模型。由于网格面本身是平面的，因此网格模型只是近似于曲面。如果需要使用消隐、着色和渲染功能，但又不需要实体模型的物理特性（如质量、体积、重心、惯性矩等），则可以使用网格。使用网格还可以创建不规则的几何体，如山脉的三维地形模型，以用于游戏、虚拟现实等需要实时渲染的地方。创建网格的方式有 4 种。

1）直接创建网格图元。创建如长方体、圆锥体等标准图元。在"网格"选项卡"图元"面板中单击"网格长方体"或下面的三角形 ▼，弹出如图 10-22 所示的选项菜单。可选择需要的命令进行操作，其操作过程与三维实体相似。

2）将现有实体或曲面模型（包括复合模型）转换为网格对象。在"网格"选项卡"网格"面板中单击"平滑对象"命令可以建立网格对象，如图 10-23 所示。使用"提高平滑度"命令或者"降低平滑度"命令可以修改网格对象的平滑度。

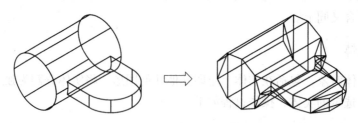

图 10-23　实体转换为网格对象

3）使用 3DMESH 命令可以创建多边形网格，通常通过 AutoLISP 程序编写脚本，以创建开口网格。

4）使用已有图形创建直纹网格对象、平移网格对象、旋转网格对象或边界定义的网格对象。

10.5.1　旋转网格

旋转网格是指将一条轮廓曲线绕一条旋转轴旋转一定的角度而构造回转网格对象的

方法。

1. 命令输入方式

命令行：REVSURF

选项卡："网格"选项卡→"图元"面板→"旋转曲面" 🔲

2. 操作步骤

命令:REVSURF ↵

当前线框密度:SURFTAB1=6 SURFTAB2=6(两个系统变量决定网格的密度)

选择要旋转的对象:(选择旋转的轮廓曲线)↵

选择定义旋转轴的对象:(选择旋转轴)↵

指定起点角度 <0>:(指定开始旋转的角度或直接按〈Enter〉键)↵

指定包含角(+=逆时针,-=顺时针)<360>:(指定旋转角度或直接按〈Enter〉键)↵

旋转网格如图 10-24 所示。

10.5.2 边界网格

边界网格是指通过连接四条相邻的边线来构造网格对象的方法，网格的密度取决于系统变量 SURFTAB1 及 SURFTAB2 的大小。

边线可以是直线、圆弧、样条曲线或开放的二维或三维多段线，这些边线必须在端点处相交形成一个封闭环，边界网格是在这四条边线间形成的插值型的立体表面。边线必须在调用"边界网格"命令之前事先绘出。

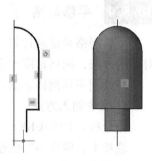

图 10-24　绘制旋转网格

1. 命令输入方式

命令行：EDGESURF

选项卡："网格"选项卡→"图元"面板→"边界曲面" 🔶

2. 操作步骤

命令:EDGESURF ↵

当前线框密度:SURFTAB1=6 SURFTAB2=6

选择用作曲面边界的对象 1:(选择定义边界曲面的第一条边线)

选择用作曲面边界的对象 2:(选择定义边界曲面的第二条边线)

选择用作曲面边界的对象 3:(选择定义边界曲面的第三条边线)

选择用作曲面边界的对象 4:(选择定义边界曲面的第四条边线)

边界网格如图 10-25 所示。

10.5.3 直纹网格

直纹网格是指用直线连接两个边界对象来构造网格对象的方法，构造直线的数量由系统变量 SURFTAB1 的值决定。

要创建直纹网格，首先需要创建两个边界对象，这两个

图 10-25　边界网格

边界对象可以是直线、点、圆弧、圆、椭圆、椭圆弧、二维多段线、三维多段线或样条曲

线。作为直纹网格"轨迹"的两个对象必须全部开放或全部闭合。点对象可以与开放或闭合对象成对使用。

1. 命令输入方式

命令行：RULESURF

选项卡："网格"选项卡→"图元"面板→"直纹曲面"

2. 操作步骤

命令：RULESURF ↵

当前线框密度：SURFTAB1 = 30

选择第一条定义曲线：(选择第一条定义曲线)

选择第二条定义曲线：(选择第二条定义曲线)

不同边界曲线的直纹网格如图 10-26 所示。

10.5.4 平移网格

平移网格是指通过将一条路径轮廓线沿一方向矢量拉伸来构造网格对象的方法，网格密度由系统变量 SURFTAB1 决定。

在绘制平移网格之前，必须先绘制出轮廓曲线及方向矢量。

微课 10-4 不同
边界曲线的
直纹网格

1. 命令输入方式

命令行：TABSURF

选项卡：网格→"图元"面板→平移曲面

2. 操作步骤

命令：TABSURF ↵

当前线框密度：SURFTAB1 = 6

选择用作轮廓曲线的对象：(选择轮廓曲线)↵

选择用作方向矢量的对象：(选择方向矢量)↵

绘制平移网格如图 10-27 所示。

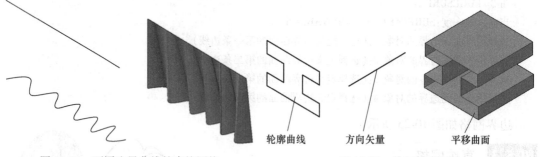

图 10-26 不同边界曲线的直纹网格   图 10-27 绘制平移网格

10.6 控制实体显示的系统变量

影响实体显示的系统变量有三个。ISOLINES 系统变量控制显示线框弯曲部分的素线数量；FACETRES 系统变量调整着色和消隐对象的平滑程度；DISPSILH 系统变量控制线框模式下实体对象轮廓曲线的显示，以及实体对象隐藏时是禁止还是绘制网格。

10.6.1　ISOLINES 系统变量

ISOLINES 系统变量是一个整数型变量。它指定了实体对象上每个曲面上轮廓素线的数量，其有效取值范围为 0~2047，默认值是 4。值越大，线框弯曲部分的素线数目就越多，曲面的过渡就越光滑，也就越有立体感。但是增加 ISOLINES 的值，会使显示速度降低。图 10-28 所示是 ISOLINES=4 和 ISOLINES=16 时，球体显示的不同结果。

10.6.2　FACETRES 系统变量

FACETRES 系统变量控制曲线实体着色和渲染的平滑度。该变量是一个实数型的系统变量。FACETRES 的默认值是 0.5，有效范围为 0.01~10。当用户进行消隐、着色或渲染时，该变量就会起作用。该变量的值越大，曲面表面就越光滑，显示速度越慢，渲染时间也越长。图 10-29 所示为改变 FACETRES 系统变量对实体显示的影响。

ISOLINES=4　　　ISOLINES=16　　　　FACETRES=0.5　　　FACETRES=3

图 10-28　改变 ISOLINES 变量的影响　　图 10-29　改变 FACETRES 系统变量的影响

10.6.3　DISPSILH 系统变量

DISPSILH 系统变量控制线框模式下实体对象轮廓曲线的显示，以及实体对象隐藏时是禁止还是绘制网格。该变量是一个整型数，有 0、1 两个值，0 代表关，1 代表开，默认设置是 0。当该变量打开时（设置其值为 1），使用 HIDE 命令消隐图形，将只显示对象的轮廓边。当改变该选项后，必须更新视图显示。图 10-30 所示为改变 DISPSILH 变量对实体显示的影响。该变量值还会影响 FACETRES 变量的显示。如果要改变 FACETRES 得到比较光滑的曲面效果，必须把 DISPSILH 的值设为 0。

 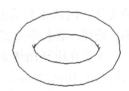

DISPSILH=0　　　　DISPSILH=1

图 10-30　改变 DISPSILH 变量的影响

这三个变量可以在"选项"对话框的"显示"选项卡中更改。如图 10-31 所示，"渲染对象的平滑度"选项控制 FACETRES 变量，"每个曲面的轮廓素线"选项控制 ISOLINES 变量，"仅显示文字边框"选项可以控制 DISPSILH 变量。

图 10-31 "选项"对话框

10.7 体素拼合法绘制三维实体

所有的物体，无论是简单的还是复杂的都可以看作由棱柱、棱锥、圆柱、圆锥等基本立体组合而成。体素拼合法绘制三维实体，就是首先创建构成组合体的一些基本立体，再通过布尔运算进行叠加或挖切，得到最终的实体。用体素拼合法创建实体简单、快捷，有较强的实用性。

本节介绍利用体素拼合的方法，绘制如图 10-32 所示的零件模型。

1）将绘图平面设置为前面，绘制如图 10-33 所示的主体前视图，并使用 PEDIT 命令将其转换为一条多段线（或者将其转换为面域）。

2）使用"拉伸"命令，拉伸多段线（或面域），并设置高为 30。

3）使用 UCS 命令，将坐标原点设置为顶面中间。绘制直径为 22 的圆。使用"拉伸"命令将其拉伸，如图 10-34 所示。接着与主体做并集。

4）分别绘制直径为 12 和 8 的圆柱。

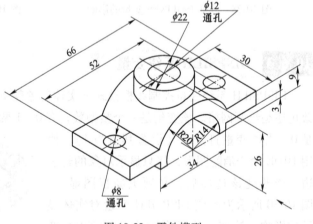

图 10-32 零件模型

微课 10-5 零件模型

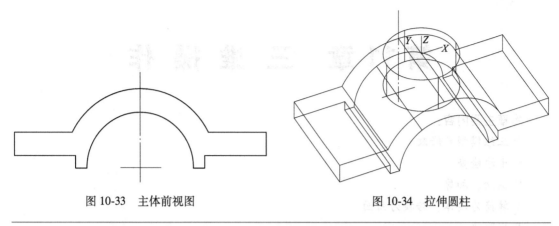

图 10-33　主体前视图　　　　　　　　　图 10-34　拉伸圆柱

📖 技巧：AutoCAD 2024 提供了强大的捕捉功能。在绘制圆柱时打开三维捕捉功能，设置捕捉边中点，即可准确找到圆心位置，从而避免复杂的 UCS 操作。

5）进行差集的运算。进行消隐显示，结果如图 10-35 所示（不包含尺寸及中心线）。

图 10-35　实体模型

10.8　习题

1. 有哪些创建三维模型的方法？
2. 如何让立体模型显示得更光滑？
3. 绘制如图 10-36 所示的立体模型。

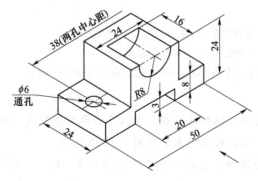

图 10-36　立体模型

第11章 三维操作

本章主要内容：

- 三维模型的修改
- 干涉检查
- 剖切、加厚
- 转换为实体、转换为曲面
- 提取边

AutoCAD 的强大功能体现在它具有丰富的图形修改命令，这些修改命令大多数是为修改二维图形对象设计的，其中有一些修改命令可以直接用于编辑三维对象，如"删除""复制""移动""缩放""镜像""旋转""阵列"等命令，但这些修改命令只能在当前坐标系的 *XY* 平面内对三维模型进行二维的操作。还有一些修改命令根本不能操作三维对象，如"修剪""延伸""偏移"等命令。因此 AutoCAD 提供了一些专门用于在三维空间编辑三维对象的修改命令，主要有"三维移动""三维阵列""三维镜像""三维旋转""对齐"和"三维对齐"等命令。

11.1 三维模型的修改

11.1.1 三维移动

在三维视图中显示移动夹点工具，并沿指定方向将对象移动指定距离。

微课 11-1 三维
移动

1. 命令输入方式

命令行：3DMOVE

选项卡："常用"选项卡→"修改"面板→"三维移动" ⟟

2. 操作步骤

> 命令：3DMOVE
> 选择对象：(用选择方法选择对象，按〈Enter〉键结束选择)
> 指定基点或［位移(D)]<位移>：(指定基点或输入 D)
> 指定第二个点或 <使用第一个点作为位移>：(指定点或按〈Enter〉键)

说明：

- 移动小控件 ⟟：由轴句柄和基点轴或坐标平面两部分组成，使用户自由移动对象及其子对象的选择集，或将移动约束到当前 UCS 的坐标。
- 使用第一个点作为位移：把第一个点作为相对 *X*、*Y*、*Z* 的位移。例如，如果将基点指定为"2，3"，然后在下一个提示下按〈Enter〉键，则对象将从当前位置沿 *X* 方向移动 2 个单位，沿 *Y* 方向移动 3 个单位。

● 输入 D：以坐标的形式输入所选对象沿当前坐标系的 X、Y、Z 移动的距离和方向。

11.1.2 三维旋转

微课 11-2 三维
旋转

在三维视图中显示旋转夹点工具并围绕基点旋转对象，或相对于某一空间轴旋转对象。

1. 命令输入方式

命令行：ROTATE3D 或 3DROTATE

选项卡："常用"选项卡→"修改"面板→"三维旋转" ⊕

2. 操作步骤

命令:3DROTATE ↵
UCS 当前的正角方向:ANGDIR=逆时针　ANGBASE=0
选择对象:(用选择方法选择对象,按〈Enter〉键结束)
指定基点:(指定点)
拾取旋转轴:(在旋转夹点工具上单击轴句柄确定旋转轴)
指定角的起点或键入角度:(指定点或键入旋转角)
指定角的端点:(指定点)

旋转小控件 ⊕：由轴句柄和基点两部分组成，可使用户将旋转轴定义为当前 UCS 的坐标轴。

命令:ROTATE3D ↵
当前正向角度:ANGDIR=逆时针　ANGBASE=0
选择对象:(用选择方法选择对象,按〈Enter〉键结束)
指定轴上的第一个点或定义轴依据[对象(O)/最近的(L)/视图(V)/X 轴(X)/Y 轴(Y)/Z 轴(Z)/两点(2)]:(输入定义轴的方法,默认为两点方式确定旋转轴)
指定旋转角度或[参照(R)]:(输入旋转角度或参照角度)

说明：

● 系统变量 ANGDIR 用于设置角度的正方向，0 为逆时针，1 为顺时针。ANGBASE 设置相对于当前 UCS 的基准角。

● 对象（O）：将旋转轴定义为现有对象。可选择图形中现有的直线、圆、圆弧或二维多段线作为旋转轴，如果选择了圆或圆弧，则定义圆或圆弧的轴心线（垂直于圆或圆弧所在的平面并通过圆或圆弧的圆心）为旋转轴。

● 最近的（L）：将上一次三维旋转的旋转轴作为本次三维旋转的旋转轴。

● 视图（V）：将旋转轴定义为过指定点并与当前视图的观察方向平行的直线。

● X 轴（X）/Y 轴（Y）/Z 轴（Z）：将旋转轴定义为过指定点并与当前坐标系的 X 轴/Y 轴/Z 轴平行的直线。

三维旋转操作的结果如图 11-1 所示。

11.1.3 对齐

微课 11-3 二维
对齐

在二维空间或三维空间将选定的对象与其他对象对齐。

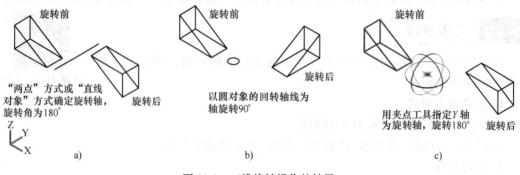

图 11-1 三维旋转操作的结果

1. 命令输入方式

命令行：ALIGN

选项卡："常用"选项卡→"修改"面板→"对齐"

命令别名：AL

2. 操作步骤

命令：ALIGN ↵
选择对象：(选择对齐操作的源对象,按〈Enter〉键结束选择)
指定第一个源点：(拾取点)
指定第一个目标点：(拾取点)
指定第二个源点：(拾取点)
指定第二个目标点：(拾取点)
指定第三个源点或 <继续>：(拾取点或按〈Enter〉键)

1）如果指定了第三个源点，则系统提示"指定第三个目标点：拾取点"，结束命令。

2）如果按〈Enter〉键，则系统提示"是否基于对齐点缩放对象[是 Y/否 N]"：输入 Y 或按〈Enter〉键。

如果回应了 Y，将以第一个、第二个目标点之间的距离作为要缩放对象的参考长度。只有使用两组点对对齐对象时才能使用缩放。

说明：

对齐操作允许在三维或二维空间中移动、旋转、缩放对齐的源对象，以使其对齐到目标对象。因此需要指定一对、两对或三对对应的"点对"。

1）第一个源点与第一个目标点组成第一个点对，是移动的依据。如果只指定了一组点对，则执行对齐操作后，源对象移动到目标对象，第一个源点将与第一个目标点重合。

2）第二个源点与第二个目标点组成第二个点对，是旋转的依据，将第一个、第二个源点间的连线旋转一定的角度后与第一个、第二个目标点间的连线对齐。

3）第三个源点与第三个目标点组成第三个点对，也是旋转的依据，如果指定了第三组点对，则允许再次旋转源对象，使其上的第二个源点与第三个源点间的连线与目标对象上的第二个目标点与第三个目标点间的连线对齐。

对齐操作的结果如图 11-2 所示。

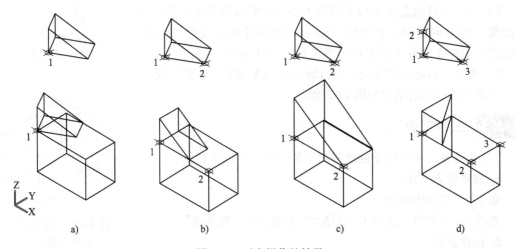

图 11-2　对齐操作的结果

a）一组点对　b）两组点对不缩放　c）两组点对缩放　d）三组点对

11.1.4　三维对齐

在二维空间或三维空间将选定的对象与其他对象对齐。

微课 11-4　三维
对齐

1. 命令输入方式

命令行：3DALIGN

选项卡："常用"选项卡→"修改"面板→"三维对齐"

2. 操作步骤

命令:3DALIGN ↵

选择对象:(选择对齐操作的源对象,按〈Enter〉键结束选择)

指定源平面和方向 . . .

指定基点或[复制(C)]:(指定点或输入 C 以创建副本)

指定第二个点或[继续(C)]<C>:(指定对象在 X 轴上的点,或按〈Enter〉键)

指定第三个点或[继续(C)]<C>:(指定对象在正 XY 平面上的点,或按〈Enter〉键)

指定目标平面和方向 . . .

指定第一个目标点:(指定目标基点)

指定第二个目标点或[退出(X)]<X>:(指定目标在 X 轴的点,或按〈Enter〉键)

指定第三个目标点或[退出(X)]<X>:(指定目标在正 XY 平面上的点,或按〈Enter〉键)

说明：

1）用户可以为源对象指定一个、两个或三个点，再为目标指定一个、两个或三个点，然后移动和旋转选定的对象，使三维空间中的源和目标的基点、X 轴和 Y 轴对齐。

2）源对象的基点将被移动到目标的基点。

3）第二个源点在平行于当前 UCS XY 平面的平面内指定源的新 X 轴方向。如果直接按〈Enter〉键而没有指定第二个点，将假设 X 轴和 Y 轴平行于当前 UCS 的 X 轴和 Y 轴。

4）第三个源点将完全指定源对象的 X 轴和 Y 轴的方向，这两个方向将与目标平面对齐。

5）第二个目标点在平行于当前 UCS *XY* 平面的平面内指定目标的新 *X* 轴方向。如果直接按〈Enter〉键而没有指定第二个点，将假设目标的 *X* 轴和 *Y* 轴平行于当前 UCS 的 *X* 轴和 *Y* 轴。

6）第三个目标点将完全指定目标平面的 *X* 轴和 *Y* 轴的方向。

三维对齐操作的结果如图 11-3 所示。

11.1.5 三维镜像

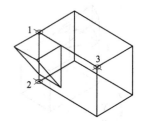

图 11-3 三维对齐
操作的结果

"三维镜像"命令用于创建相对于某一平面的镜像对象。

1. 命令输入方式

命令行：MIRROR3D

选项卡："常用"选项卡→"修改"面板→"三维镜像"

2. 操作步骤

命令:MIRROR3D ↵
选择对象:(选择镜像操作的对象,按〈Enter〉键结束选择)
指定镜像平面(三点)的第一个点或[对象(O)/最近的(L)/Z 轴(Z)/视图(V)/XY 平面(XY)/YZ 平面(YZ)/ZX 平面(ZX)/三点(3)]<三点>:(输入确定镜像平面的选项,默认为"三点"方式)
在镜像平面上指定第一点:(指定点)
在镜像平面上指定第二点:(指定点)
在镜像平面上指定第三点:(指定点)
是否删除源对象? [是(Y)/否(N)]<否>:(输入 Y 或按〈Enter〉键)

说明：

"三维镜像"命令与"二维镜像"命令类似，所不同的是调用"二维镜像"命令时，需要指定一条镜像线，而调用"三维镜像"命令时，需要指定一个镜像平面，该镜像平面可以是空间的任意平面，AutoCAD 为定义镜像平面提供了如下方式。

- 对象（O）：可选择图形中现有平面对象所在的平面作为镜像平面，这些平面对象只能是直线、圆、圆弧或二维多段线。
- 最近的（L）：使用上一个镜像操作的镜像平面作为此次镜像操作的镜像平面。
- Z 轴（Z）：使用两点来定义平面法线从而定义镜像平面，镜像平面将通过第一个指定点。
- 视图（V）：定义通过指定点与当前视图（屏幕）平面平行的平面作为镜像平面。
- XY 平面（XY）/YZ 平面（YZ）/ZX 平面（ZX）：定义过指定点并与当前坐标系 *XY* 平面/*YZ* 平面/*ZX* 平面平行的平面作为镜像平面。
- 三点（3）：由指定的三点确定镜像平面。

三维镜像操作的结果如图 11-4 所示。

11.1.6 三维阵列

"二维阵列"命令可以操作三维对象。在 AutoCAD 2024 中，可调用三维阵列命令在三维空间复制对象。

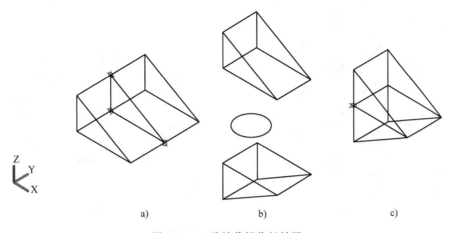

a)   b)   c)

图 11-4 三维镜像操作的结果

a）"三点"方式确定镜像平面 b）"对象"方式：圆所在平面为镜像平面

c）"XY 平面"方式：过指定点与当前坐标的 *XY* 平面平行

1. 命令输入方式

命令行：3DARRAY

2. 操作步骤

命令:3DARRAY ↵

选择对象:(选择阵列操作的对象,按〈Enter〉键结束选择)

输入阵列类型［矩形（R）/环形（P）］<矩形>:(输入 P 或按〈Enter〉键)

1）若直接按〈Enter〉键，执行矩形阵列（Rectangular），则系统提示：

输入行数(---)<1>:(定义阵列的行数)↵

输入列数(|||)<1>:(定义阵列的列数)↵

输入层数(...)<1>:(定义阵列的层数)↵

指定行间距(---):(定义行间距)↵

指定列间距(|||):(定义列间距)↵

指定层间距(...):(定义层间距)↵

2）如果输入 P，执行环形阵列（Polar），则系统提示：

输入阵列中的项目数目:(定义复制数量)↵

指定要填充的角度(+=逆时针, -=顺时针)<360>:(定义圆周角度)↵

旋转阵列对象?［是（Y）/否（N）］<Y>:(输入 Y 或按〈Enter〉键)

指定阵列的中心点:(指定点,定义阵列中心)

指定旋转轴上的第二点:(指定点,与中心点定义旋转对象的旋转轴)

说明：

三维阵列与二维阵列的原理相同，只是三维阵列在三维空间中进行，因而比二维阵列增加了一些参数。在矩形阵列中，行、列、层的方向分别与当前坐标系的坐标轴方向相同，间距值可以为正值，也可以为负值，分别对应坐标轴的正向和负向。

三维阵列操作的结果如图 11-5 所示。

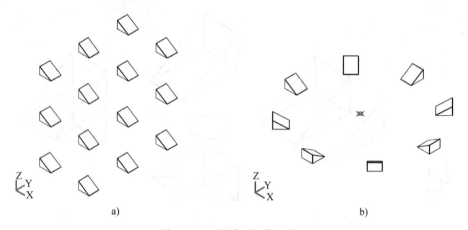

图 11-5　三维阵列操作的结果

a）矩形三维阵列（3 行，2 列，3 层）　b）环形三维阵列

11.2　干涉检查

微课 11-5　干涉
检查

通过对比两组对象或一对一地检查所有实体来检查实体模型中的相交或重叠的区域，即干涉情况，并用干涉部分产生新实体。

1. 命令输入方式

命令行：INTERFERE

选项卡："常用"选项卡→"实体编辑"面板→"干涉检查" ⬚

命令别名：INF

2. 操作方式

命令：INTERFERE ↵
选择第一组对象或[嵌套选择（N）/设置（S）]：（选择对象,按〈Enter〉键结束选择,或输入选项 N 或 S）
选择第二组对象或[嵌套选择（N）/检查第一组（K）]<检查>：（选择对象,按〈Enter〉键结束选择,或输入选项 N 或 K,或直接按〈Enter〉键）

说明：

1）干涉检查通过两个或多个实体的公共体积创建临时组合的三维实体，并高亮显示重叠的三维实体。

2）如果定义了单个选择集，干涉检查将对比集合中的全部实体。如果定义了两个选择集，干涉检查将对比第一个选择集中的实体与第二个选择集中的实体。如果在两个选择集中都包括同一个三维实体，干涉检查则将此三维实体视为第一个选择集中的一部分，而在第二个选择集中忽略它。

3）嵌套选择（N）：使用户可以选择嵌套在块和外部参照中的单个实体对象。

4）设置（S）：系统将显示"干涉设置"对话框，如图 11-6 所示，主要控制干涉对象的显示。

5）检查第一组（K）：系统将显示"干涉检查"对话框，如图 11-7 所示，使用户可以在干涉对象之间循环，并缩放干涉对象，也可以指定关闭对话框时是否删除干涉对象。

干涉检查的结果如图 11-8 所示。

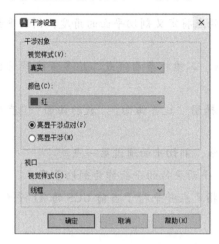

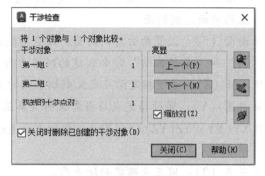

图 11-6 "干涉设置"对话框（一）　　　　图 11-7 "干涉检查"对话框（二）

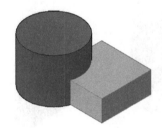
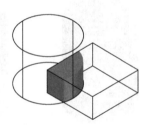

图 11-8 干涉检查的结果

11.3 剖切

微课 11-6 剖切

"剖切"命令用平面或曲面剖切实体，把实体一分为二，保留被剖切实体的一半或全部并生成新实体。

1. 命令输入方式

命令行：SLICE

选项卡："常用"选项卡→"实体编辑"面板→"剖切"

命令别名：SL

2. 操作步骤

> 命令：SLICE
> 选择要剖切的对象：(选择对象，按〈Enter〉键结束选择)
> 指定切面的起点或[平面对象(O)/曲面(S)/Z 轴(Z)/视图(V)/XY(XY)/YZ(YZ)/ZX(ZX)/三点(3)]<三点>：(指定点、输入选项或按〈Enter〉键以使用"三点"选项确定剖切平面)

根据选项不同，系统提示也会不同。

在所需的侧面上指定点或[保留两个侧面(B)]<保留两个侧面>:(指定点或按〈Enter〉键)

命令行中各选项含义如下。

● 指定切面的起点：以两点确定剖切平面，这两点将定义剖切平面的角度，剖切平面过这两点并垂直于当前 UCS 的 *XY* 平面。

● 平面对象（O）：以圆、椭圆、圆弧、椭圆弧、二维样条曲线或二维多段线等对象所在的平面为剖切面。

● 曲面（S）：设置曲面为剖切面。注意不能选择用"边界曲面""旋转曲面""直纹曲面"和"平移曲面"命令创建的网格曲面。

● Z 轴（Z）：通过指定两点定义剖切平面的法线，剖切平面通过第一点。

● 视图（V）：通过指定点与当前视图（屏幕）平面平行的平面作为剖切平面。

● XY(XY)/YZ(YZ)/ZX(ZX)：剖切平面通过指定点并平行于当前 UCS 的 *XY* 平面/*YZ* 平面/*ZX* 平面。

● 三点（3）：用三点确定剖切平面。

剖切效果如图 11-9 所示。

图 11-9　剖切效果

11.4　加厚

"加厚"命令可以将曲面加厚为实体。

1. 命令输入方式

命令行：THICKEN

选项卡："常用"选项卡→"实体编辑"面板→"加厚"

2. 操作步骤

命令:THICKEN
选择要加厚的曲面:(选择对象,按〈Enter〉键结束选择)
指定厚度 <0.0000>:(输入厚度值)↵

说明：

不能选择用"边界曲面""旋转曲面""直纹曲面"和"平移曲面"命令创建的网格曲面。

曲面加厚的效果如图 11-10 所示。

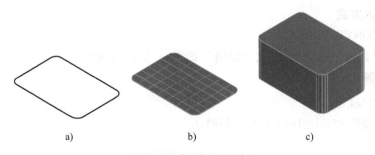

图 11-10　曲面加厚的效果

a）二维线框　b）平面曲面　c）加厚曲面

11.5　转换为实体

"转换为实体"命令可以将具有厚度的多段线和圆转换为三维实体。

1. 命令输入方式

命令行：CONVTOSOLID

选项卡："常用"选项卡→"实体编辑"面板→"转换为实体" 🖼

2. 操作步骤

命令：CONVTOSOLID ↵

选择对象：（选择对象，按〈Enter〉键结束选择）

说明：

使用"转换为实体"命令，可以将以下对象转换为三维实体。

1）具有厚度的统一宽度多段线。

2）闭合的、具有厚度的零宽度多段线。

3）具有厚度的圆。

转换为实体的效果如图 11-11 所示。

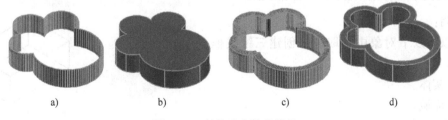

图 11-11　转换为实体的效果

a）具有厚度、零宽度的多段线　b）转换成实体　c）具有厚度和宽度的多段线　d）转换成实体

11.6　转换为曲面

"转换为曲面"命令可以将对象转换为曲面。

1. 命令输入方式

命令行：CONVTOSURFACE

选项卡："常用"选项卡→"实体编辑"面板→"转换为曲面"

2. 操作步骤

命令：CONVTOSURFACE ↵
选择对象：(选择对象,按〈Enter〉键结束选择)

说明：

使用"转换为曲面"命令，可以将以下对象转换为曲面。

1）二维实体。

2）面域。

3）具有厚度的零宽度多段线。

4）具有厚度的直线。

5）具有厚度的圆弧。

6）三维平面。

转换为曲面的效果如图 11-12 所示。

a)   b)

图 11-12　转换为曲面的效果

a）具有厚度、零宽度的多段线　b）转换成曲面

11.7　提取边

通过从三维实体或曲面中提取边来创建三维线框。

1. 命令输入方式

命令行：XEDGES

选项卡："常用"选项卡→"实体编辑"面板→"提取边"

2. 操作步骤

命令：XEDGES ↵
选择对象：(选择对象,按〈Enter〉键结束选择)

说明：

可以从以下对象中提取边来创建三维线框几何体。

1）实体。

2）面域。

3）曲面。

提取边的效果如图 11-13 所示。

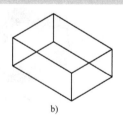

a)   b)

图 11-13　提取边的效果

a）长方体　b）三维线框

11.8　三维操作实例

用 AutoCAD 创建三维模型时，需要分析模型的特征，选择合适的创建方法和步骤，期间需综合调用 UCS、三维建模、二维绘图、二维编辑、

微课 11-7　三维
操作实例

三维编辑、三维操作等命令，也需要综合调用视图、视觉样式、视图导航等命令。本节以图 11-14 所示箱体的创建为例，来说明相关命令的综合调用方法和过程。

1）创建模型的主要尺寸如图 11-15 所示。

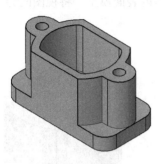

图 11-14　箱体

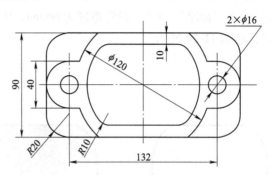

图 11-15　箱体主要尺寸

2）将工作空间改为"三维建模"。在"视图"选项卡中设置视觉样式为"概念"，视图为"俯视"。在世界坐标系中，调用矩形绘图命令，绘制如图 11-15 中所示的圆角矩形，长度 172，宽度 90，圆角半径为 20，如图 11-16 所示。

3）在"实体编辑"面板中选择"转换为曲面"命令，将矩形二维图形转换成平面曲面，如图 11-17 所示。

4）在"实体编辑"面板中选择"加厚"命令，设置厚度为 20mm，生成底板，将视图改为"东南等轴测"，如图 11-18 所示。

图 11-16　圆角矩形

图 11-17　平面曲面（一）

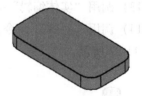

图 11-18　底板

5）将视图改为"俯视"，绘制如图 11-19 所示的二维图形，调用多段线的编辑命令 PEDIT，该命令可由命令行直接输入，将图中所有线段连接成一条多段线。

6）调用"转换为曲面"命令，将二维图形转换成平面曲面，如图 11-20 所示。

7）选择"加厚"命令，设置厚度为 66mm，生成箱体外表面模型，将视图改为"东南等轴测"，如图 11-21 所示。

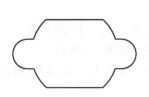

图 11-19　二维图形（一）

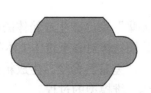

图 11-20　平面曲面（二）

图 11-21　外表面模型

8）将视图改为"俯视"，绘制如图 11-22 所示的二维图形，调用多段线的编辑命令 PEDIT，将图中所有线段连接成一条多段线。

9）调用"转换为曲面"命令，将二维图形转换成平面曲面，如图 11-23 所示。

10）选择"加厚"命令，设置厚度为 66mm，生成箱体内表面模型，将视图改为"东南等轴测"，如图 11-24 所示。

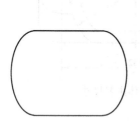
图 11-22　二维图形（二）

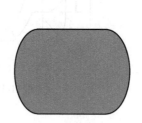
图 11-23　平面曲面（三）

图 11-24　内表面模型

11）调用创建圆柱体命令，设置直径为 16mm，高度为 86mm，并复制生成两个圆柱体，如图 11-25 所示。

12）调用"对齐"命令，将外表面模型放置在底板上方中央，前后表面平齐，如图 11-26 所示。

13）调用"实体编辑"→"并集"命令，将底板和外表面模型合并，生成箱体主体。

14）调用"对齐"命令，将内表面模型对齐在箱体主体的上方中央，上方表面平齐，如图 11-27 所示。

图 11-25　圆柱体

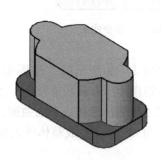
图 11-26　底板、外表面对齐

图 11-27　主体-内表面模型对齐

15）调用"实体编辑"→"差集"命令，生成箱体的内部结构，如图 11-28 所示。

16）调用"对齐"命令，将圆柱体对齐至箱体主体的两侧，如图 11-29 所示。

17）调用两次"实体编辑"→"差集"命令，生成箱体两侧的安装孔，如图 11-30 所示。

以上为用 AutoCAD 生成箱体三维模型的过程。

图 11-28　生成箱体内部结构

图 11-29　主体、圆柱体对齐

图 11-30　生成箱体两侧的安装孔

11.9　习题

1. 熟悉三维模型的修改命令，并能在建模过程中灵活使用。

2. 用"长方体"及"对齐"命令完成一段"楼梯"的造型。

3. 用"圆""厚度""编辑多段线""UCS"和"旋转"等命令实现如图 11-31 所示的鱼纹实体造型。

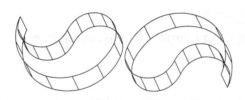
图 11-31　鱼纹

第 12 章　输出与打印图形

本章主要内容：
- 创建布局
- 打印输出

用户在绘制好图形后，可以利用数据输出把图形保存为特定的文件类型，也可以以图纸的形式打印输出。

12.1　图形输出

1. 命令输入方式

命令行：EXPORT

菜单栏：应用程序 [A]→"输出" [图标]

选项卡：输出→"输出为 DWG/PDF" 选项卡→[图标] 或者 [图标]

命令别名：EXP

2. 操作步骤

激活该命令后，屏幕弹出"输出数据"对话框。在"文件类型"右侧列表中选择对象输出的类型，在"文件名"文本框中输入要创建文件的名称。AutoCAD 2024 允许使用以下输出类型。

1）DWF：Autodesk Web 图形格式。

2）FBX：FilmBoX 文件。

3）WMF：Windows 图元文件。

4）SAT：ACIS 实体对象文件。

5）STL：实体对象立体印刷文件。

6）DXX：属性提取 DXF 文件。

7）BMP：独立于设备的位图文件。

8）DWG：AutoCAD 块文件。

9）DGN：CAD 文件格式。

10）IGES：图形交换标准文件。

12.2　创建和管理布局

布局（LAYOUT）是一种图纸空间环境，它可以模拟真实的图纸页面，提供直观的打印效果。在布局中可以放置一个或多个视口、标题栏、注释等，一个图形文件可以有多个布局。

12.2.1　使用向导创建布局

1. 命令输入方式

命令行：LAYOUTWIZARD

2. 操作步骤

激活该命令后，系统弹出如图 12-1 所示的"创建布局"对话框。用户只需按照该向导的指引，依次完成下列设置，即可创建一个新的布局。

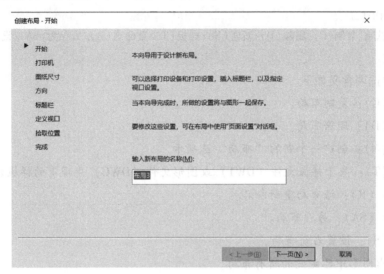

图 12-1　"创建布局"对话框

利用布局向导创建布局的步骤如下。

● 开始：为新布局创建名称。

● 打印机：为新布局选择使用的打印机。

● 图纸尺寸：确定打印时使用的图纸尺寸、绘图单位。

● 方向：确定打印的方向，可以为纵向或者横向。

● 标题栏：选择要使用的标题栏。

● 定义视口：设置布局中浮动视口的个数和各个视口的比例。

● 拾取位置：定义每个视口的位置。

首次单击"布局"选项卡时，页面上将显示单一视口。虚线表示图纸空间中当前配置的图纸尺寸和绘图仪的可打印区域。

12.2.2　创建并管理布局

用户可以使用 LAYOUT 命令直接创建一个新布局或者对已有的布局进行编辑管理。

1. 命令输入方式

命令行：LAYOUT

选项卡："布局"选项卡→"布局"面板→"新建"

命令别名：LO

"布局"面板只有当显示区下方的"布局"选项卡被激活时才可使用。

直接单击图形显示区下方的"布局"选项卡，或者在"模型"选项卡上单击鼠标右键，然后在快捷菜单中选择"激活上一个布局"选项，都可激活"布局"选项卡。

在"视图"选项卡的"界面"面板中单击"布局选项卡"按钮，可以控制在屏幕下方显示"模型"选项卡及"布局"选项卡。

2. 操作步骤

> 命令:LAYOUT↵
> 输入布局选项[复制(C)/删除(D)/新建(N)/样板(T)/重命名(R)/另存为(SA)/设置(S)/?]<设置>:

命令行中选项含义如下。

- 复制（C）：复制布局。
- 删除（D）：删除布局。
- 新建（N）：创建一个新的"布局"选项卡。
- 样板（T）：基于样板文件（DWT）或图形文件（DWG）中现有的样板创建新布局。
- 重命名（R）：给布局重新命名。
- 另存为（SA）：另存布局。
- 设置（S）：设置当前布局。
- ?：列出图形中已定义的所有布局。

12.2.3 页面设置

页面设置是打印设备和其他影响最终输出外观和格式的设置的集合，可以修改这些设置并将其应用到其他布局中。

在模型空间完成图形之后，可以在布局空间中创建要打印的布局。设置布局之后，就可以为布局的页面设置指定各种设置，其中包括打印设备设置和其他影响输出外观和格式的设置。页面设置中指定的各种设置和布局一起存储在图形文件中，用户可以随时修改页面设置中的设置。

1. 命令输入方式

命令行：PAGESETUP

菜单栏：应用程序 A →打印→页面设置

选项卡："布局"选项卡→"布局"面板→"页面设置"

快捷方式：用鼠标右键单击当前的"模型"或"布局"选项卡，在弹出的快捷菜单中选择"页面设置管理器"命令。

2. 操作步骤

> 命令:PAGESETUP↵

屏幕弹出"页面设置管理器"对话框，如图12-2所示。

"页面设置管理器"对话框中部分选项说明如下。

- 当前页面设置：该列表框中列举出当前可选择的布局。
- 置为当前（S）：将选中的页面设置为当前布局。
- 新建（N）：单击该按钮，打开"新建页面设置"对话框，可以创建新的布局。
- 修改（M）：修改选中的布局。
- 输入（I）：打开"从文件选择页面设置"对话框，选择已经设置好的布局设置。

在"页面设置管理器"对话框中选择一个对象，并单击"修改"按钮，系统弹出如图12-3所示的"页面设置"对话框。

图12-2 "页面设置管理器"对话框

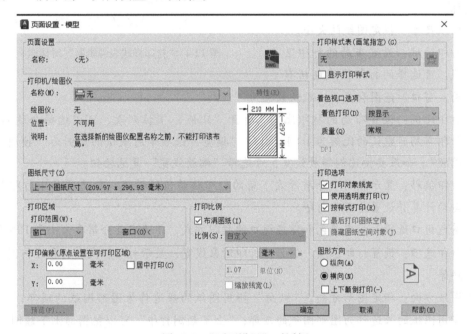

图12-3 "页面设置"对话框

"页面设置"对话框中选项含义如下。

- 打印机/绘图仪：该选项组可以用来设置打印机的名称、位置。单击"特性"按钮，打开"绘图仪配置编辑器"对话框，可以查看或修改打印机的配置信息。
- 打印样式表（画笔指定）（G）：为当前的布局指定打印样式和打印样式表。在下拉列表框中选择一个打印样式后，单击"编辑"按钮🖵，打开如图12-4所示的"打印样式表编辑器"对话框，可以查看或修改打印样式。

打印样式是一系列颜色、抖动、灰度、笔指定、淡显、线型、线宽、端点样式、连接样式和填充样式的替代设置。使用打印样式能够改变图形中对象的打印效果。可以给任何对象或图层指定打印样式。

打印样式表包含打印时应用于图形对象中的所有打印样式，用于控制打印样式定义。AutoCAD 包含"命名"和"颜色相关"两种打印样式表。用户可以添加新的"命名"打印样式表，也可以更改"命名"打印样式表的名称。"颜色相关"打印样式表包含 256 种打印样式。每一种样式表示一种颜色。不能添加或删除"颜色相关"打印样式表，也不能改变它们的名称。

图 12-4 "打印样式表编辑器"对话框

- 图纸尺寸：指定图纸的大小。
- 打印区域：设置布局的打印区域。可选择的打印区域包括布局、窗口、范围和显示。默认设置为"布局"。
- 打印比例：设置布局的打印比例。打开"比例"下拉列表，可以选择合适的比例。打印布局时默认的比例为 1:1。打印"模型"选项卡时默认的比例为"按图纸空间缩放"。如果要按比例缩放线宽，可选择"缩放线宽"复选按钮。
- 打印偏移：显示相对于介质源左下角的打印偏移值的设置。勾选"居中打印"可以自动计算并设置为居中打印。
- 着色视口选项：指定着色和渲染视口的打印方式，并确定其分辨率大小和 DPI 值。
- 打印选项：设置打印选项。例如，打印对象线宽、显示打印样式和打印几何图形的次序等。
- 图纸方向：指定图形方向。"纵向"指用图纸的短边作为图形图纸的顶部；"横向"指用图纸的长边作为图形图纸的顶部；"上下颠倒打印"可以把图形上下颠倒。

12.3 打印图形

12.3.1 打印预览

1. 命令输入方式

命令行：PREVIEW

菜单栏：应用程序 A →打印→打印预览

选项卡："输出"选项卡→打印→"打印预览"

2. 操作步骤

AutoCAD 2024 按照当前的页面设置、绘图设备设置及绘图样式等在屏幕上显示出最终要输出的图样。

12.3.2 打印

1. 命令输入方式

命令行：PLOT

菜单栏：应用程序 [A]→打印→打印

选项卡："输出"选项卡→打印→"打印" 🖨

命令别名：PRINT

快捷方式：使用鼠标右键单击模型或者布局名称，在弹出的快捷菜单中选择 PLOT 命令

2. 操作步骤

激活该命令后，屏幕显示"打印"对话框，如图 12-5 所示。该对话框与"页面设置"对话框非常相似，但还可设置以下内容。

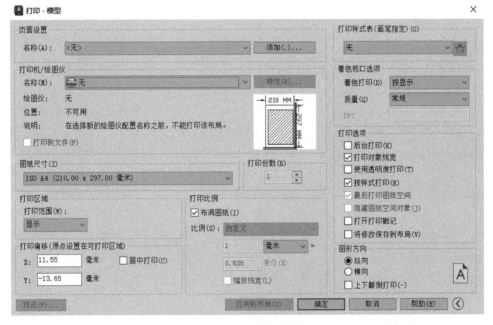

图 12-5 "打印"对话框

● "页面设置"中的"添加"按钮可以打开"添加页面设置"对话框，从中可以添加新的页面设置。

● "打印机/绘图仪"选项组中的"打印到文件"选项可以将指定的布局发送到打印文件，而不是打印机。

● "打印份数（B）"可以设置每次打印的图样份数。

微课 12-1 打印

还可以选择更多的着色方式。通过"着色打印（D）"下拉列表，可以指定视图的打印方式。按"显示"选项按照屏幕上显示的内容打印；"线框"选项以线框模式打印；"消

隐"选项打印消隐后的结果;"渲染"选项打印渲染后的结果。使用线框模式、消隐模式、渲染模式打印时不考虑当前的显示模式。用户还可以通过"质量"下拉列表指定着色和渲染视口的打印分辨率。草图将渲染和着色模型空间视图设置为线框打印。

● "打印选项"选项组中的"后台打印(K)"复选按钮可以在后台打印图形;"打开打印戳记"复选按钮可以在输出的图形上显示绘图标记;"将修改保存到布局"复选按钮可以将"打印"对话框中的设置保存到布局中。

12.4 习题

1. 用 AutoCAD 绘制图形并把它输出为 3DS 格式文件。
2. 使用向导创建一个新布局。
3. 用 AutoCAD 绘制图形并按照"窗口"打印模式进行打印。

附　　录

附录 A　AutoCAD 2024 常用命令别名

别名	命令名	别名	命令名
3A	3DARRAY	-B	-BLOCK
3DMIRROR	MIRROR3D	BC	BCLOSE
3DNavigate	3DWALK	BE	BEDIT
3DO	3DORBIT	BH	BHATCH
3DP	3DPRINT	BLENDSRF	SURFBLEND
3DPLOT	3DPRINT	BO	BOUNDARY
3DW	3DWALK	-BO	-BOUNDARY
3F	3DFACE	BR	BREAK
3M	3DMOVE	BS	BSAVE
3P	3DPOLY	BVS	BVSTATE
3R	3DROTATE	C	CIRCLE
3S	3DSCALE	CAM	CAMERA
A	ARC	CBAR	CONSTRAINTBAR
AC	BACTION	CH	PROPERTIES
ADC	ADCENTER	-CH	CHANGE
AECTOACAD	-EXPORTTOAUTOCAD	CHA	CHAMFER
AA	AREA	CHK	CHECKSTANDARDS
AL	ALIGN	CLI	COMMANDLINE
3AL	3DALIGN	COL	COLOR
AP	APPLOAD	COLOUR	COLOR
APLAY	ALLPLAY	CO	COPY
AR	ARRAY	CONVTOMESH	MESHSMOOTH
-AR	-ARRAY	CP	COPY
ARR	ACTRECORD	CPARAM	BCPARAMETER
ARM	ACTUSERMESSAGE	CREASE	MESHCREASE
-ARM	-ACTUSERMESSAGE	CREATESOLID	SURFSCULPT
ARU	ACTUSERINPUT	CSETTINGS	CONSTRAINTSETTINGS
ARS	ACTSTOP	CT	CTABLESTYLE
-ARS	-ACTSTOP	CUBE	NAVVCUBE
ATI	ATTIPEDIT	CYL	CYLINDER
ATT	ATTDEF	D	DIMSTYLE
-ATT	-ATTDEF	DAL	DIMALIGNED
ATE	ATTEDIT	DAN	DIMANGULAR
-ATE	-ATTEDIT	DAR	DIMARC
B	BLOCK	DELETE	ERASE
JOG	DIMJOGGED	EXTENDSRF	SURFEXTEND
DBA	DIMBASELINE	F	FILLET
DBC	DBCONNECT	FI	FILTER
DC	ADCENTER	FILLETSRF	SURFFILLET
DCE	DIMCENTER	FREEPOINT	POINTLIGHT

别名	命令名	别名	命令名
DCO	DIMCONTINUE	FSHOT	FLATSHOT
DCON	DIMCONSTRAINT	G	GROUP
DDA	DIMDISASSOCIATE	-G	-GROUP
DDI	DIMDIAMETER	GCON	GEOMCONSTRAINT
DED	DIMEDIT	GD	GRADIENT
DELCON	DELCONSTRAINT	GEO	GEOGRAPHICLOCATION
DI	DIST	GR	DDGRIPS
DIV	DIVIDE	H	BHATCH
DJL	DIMJOGLINE	-H	-HATCH
DJO	DIMJOGGED	HE	HATCHEDIT
DL	DATALINK	HB	HATCHTOBACK
DLI	DIMLINEAR	HI	HIDE
DLU	DATALINKUPDAT	I	INSERT
DO	DONUT	-I	-INSERT
DOR	DIMORDINATE	IAD	IMAGEADJUST
DOV	DIMOVERRIDE	IAT	IMAGEATTACH
DR	DRAWORDER	ICL	IMAGECLIP
DRA	DIMRADIUS	IM	IMAGE
DRE	DIMREASSOCIATE	IMP	IMPORT
DS	DSETTINGS	IN	INTERSECT
DST	DIMSTYLE	INF	INTERFERE
DT	TEXT	IO	INSERTOBJ
DV	DVIEW	ISOLATE	ISOLATEOBJECTS
DX	DATAEXTRACTION	QVD	QVDRAWING
E	ERASE	QVDC	QVDRAWINGCLOSE
ED	DDEDIT	QVL	QVLAYOUT
EL	ELLIPSE	QVLC	QVLAYOUTCLOSE
ER	EXTERNALREFERENCES	J	JOIN
ESHOT	EDITSHOT	JOGSECTION	SECTIONPLANEJOG
EX	EXTEND	L	LINE
EXIT	QUIT	LA	LAYER
-EXP	EXPORT	-LA	-LAYER
EXT	EXTRUDE	LAS	LAYERSTATE
LEN	LENGTHEN	O	OFFSET
LESS	MESHSMOOTHLESS	OFFSETSRF	SURFOFFSET
LI	LIST	OP	OPTIONS
LINEWEIGHT	LWEIGHT	ORBIT	3DORBIT
LMAN	LAYERSTATE	OS	OSNAP
LO	-LAYOUT	-OS	-OSNAP
LS	LIST	P	PAN
LT	LINETYPE	-P	-PAN
-LT	-LINETYPE	PA	PASTESPEC
LTYPE	LINETYPE	RAPIDPROTOTYP	3DPRINT
-LTYPE	-LINETYPE	PAR	PARAMETERS
LTS	LTSCALE	-PAR	-PARAMETERS

（续）

别名	命令名	别名	命令名
LW	LWEIGHT	PARAM	BPARAMETER
M	MOVE	PARTIALOPEN	-PARTIALOPEN
MA	MATCHPROP	PATCH	SURFPATCH
MAT	MATBROWSEROPEN	PC	POINTCLOUD
ME	MEASURE	PCATTACH	POINTCLOUDATTACH
MEA	MEASUREGEOM	PCINDEX	POINTCLOUDINDEX
MI	MIRROR	PE	PEDIT
ML	MLINE	PL	PLINE
MLA	MLEADERALIGN	PO	POINT
MLC	MLEADERCOLLECT	POFF	HIDEPALETTES
MLD	MLEADER	POINTON	CVSHOW
MLE	MLEADEREDIT	POINTOFF	CVHIDE
MLS	MLEADERSTYLE	POL	POLYGON
MO	PROPERTIES	PON	SHOWPALETTES
MORE	MESHSMOOTHMORE	PR	PROPERTIES
MOTION	NAVSMOTION	PRCLOSE	PROPERTIESCLOSE
MOTIONCLS	NAVSMOTIONCLOSE	PROPS	PROPERTIES
MS	MSPACE	PRE	PREVIEW
MSM	MARKUP	PRINT	PLOT
MT	MTEXT	PS	PSPACE
MV	MVIEW	PSOLID	POLYSOLID
NETWORKSRF	SURFNETWORK	PTW	PUBLISHTOWEB
NORTH	GEOGRAPHICLOCATION	PU	PURGE
NORTHDIR	GEOGRAPHICLOCATION	-PU	-PURGE
NSHO	NEWSHOT	PYR	PYRAMID
NVIEW	NEWVIEW	QC	QUICKCALC
QCUI	QUICKCUI	ST	STYLE
QP	QUICKPROPERTIES	STA	STANDARDS
R	REDRAW	SU	SUBTRACT
RA	REDRAWALL	T	MTEXT
RC	RENDERCROP	-T	-MTEXT
RE	REGEN	TA	TABLET
REA	REGENALL	TB	TABLE
REBUILD	CVREBUILD	TEDIT	TEXTEDIT
REC	RECTANG	TH	THICKNESS
REFINE	MESHREFINE	TI	TILEMODE
REG	REGION	TO	TOOLBAR
REN	RENAME	TOL	TOLERANCE
-REN	-RENAME	TOR	TORUS
REV	REVOLVE	TP	TOOLPALETTES
RO	ROTATE	TR	TRIM
RP	RENDERPRESETS	TS	TABLESTYLE
RPR	RPREF	UC	UCSMAN
RR	RENDER	UN	UNITS
RW	RENDERWIN	UNCREASE	MESHUNCREASE

（续）

别名	命令名	别名	命令名
S	STRETCH	UNHIDE	UNISOLATEOBJECTS
S	STRETCH	UNI	UNION
SC	SCALE	UNISOLATE	UNISOLATEOBJECTS
SCR	SCRIPT	V	VIEW
SE	DSETTINGS	VGO	VIEWGO
SEC	SECTION	VPLAY	VIEWPLAY
SET	SETVAR	VP	DDVPOINT
SHA	SHADEMODE	VS	VSCURRENT
SL	SLICE	VSM	VISUALSTYLES
SMOOTH	MESHSMOOTH	W	WBLOCK
SN	SNAP	WE	WEDGE
SO	SOLID	X	EXPLODE
SP	SPELL	XA	XATTACH
SPL	SPLINE	XB	XBIND
SPLANE	SECTIONPLANE	XC	XCLIP
SPLAY	SEQUENCEPLAY	XL	XLINE
SPLIT	MESHSPLIT	XR	XREF
SPE	SPLINEDIT	Z	ZOOM
SSM	SHEETSET	ZEBRA	ANALYSISZEBRA

附录 B AutoCAD 2024 常用快捷键

快捷键	功　能	快捷键	功　能
〈Ctrl+A〉	选择图形中未锁定或冻结的所有对象	〈Ctrl+S〉	保存当前图形
〈Ctrl+B〉	切换捕捉	〈Ctrl+T〉	切换数字化仪模式
〈Ctrl+C〉	将对象复制到 Windows 剪贴板	〈Ctrl+U〉	切换极轴追踪
〈Ctrl+D〉	切换动态 UCS（仅限于 AutoCAD）	〈Ctrl+V〉	粘贴 Windows 剪贴板中的数据
〈Ctrl+E〉	在等轴测平面之间循环	〈Ctrl+W〉	切换选择循环
〈Ctrl+F〉	切换执行对象捕捉	〈Ctrl+X〉	将对象从当前图形剪切到 Windows 剪贴板中
〈Ctrl+G〉	切换栅格显示模式		
〈Ctrl+H〉	切换 PICKSTYLE	〈Ctrl+Y〉	取消前面的"放弃"操作
〈Ctrl+I〉	切换坐标显示（仅限于 AutoCAD）	〈Ctrl+Z〉	恢复上一个操作
〈Ctrl+J〉	重复上一个命令	〈Ctrl+ 〔〕	取消当前命令
〈Ctrl+K〉	插入超链接	〈Ctrl+ \ 〉	取消当前命令
〈Ctrl+L〉	切换正交模式	〈Ctrl+0〉	切换全屏显示
〈Ctrl+M〉	重复上一个命令	〈Ctrl+1〉	切换"特性"选项板
〈Ctrl+N〉	创建新图形	〈Ctrl+2〉	切换设计中心
〈Ctrl+O〉	打开现有图形	〈Ctrl+3〉	切换工具选项板窗口
〈Ctrl+P〉	打印当前图形	〈Ctrl+4〉	切换图纸集管理器
〈Ctrl+Q〉	退出应用程序	〈Ctrl+6〉	切换数据库连接管理器（仅限于 AutoCAD）
〈Ctrl+R〉	在"模型"选项卡上的平铺视口之间或当前命名的布局上的浮动视口之间循环	〈Ctrl+7〉	切换标记集管理器
		〈Ctrl+8〉	切换"快速计算器"选项板

（续）

快捷键	功　　能	快捷键	功　　能
〈Ctrl+9〉	切换命令行窗口	〈Alt+F4〉	关闭应用程序窗口
〈Ctrl+Home〉	将焦点移动到"开始"选项卡	〈Alt+F8〉	显示"宏"对话框（仅限于 Auto-CAD）
〈Ctrl+Page Up〉	移动到上一个布局		
〈Ctrl+Page Down〉	移动到下一个"布局"选项卡	〈Alt+F11〉	显示 Visual Basic 编辑器（仅限于 AutoCAD）
〈Ctrl+Tab〉	移动到下一个"文件"选项卡		
〈Ctrl+F2〉	显示文本窗口	〈F1〉	显示帮助
〈Ctrl+F4〉	关闭当前图形	〈F2〉	当命令行窗口是浮动的时，展开命令行历史记录，或当命令行窗口是固定的时，显示文本窗口
〈Ctrl+F6〉	移动到下一个"文件"选项卡		
〈Ctrl+Shift+A〉	切换组		
〈Ctrl+Shift+C〉	使用基点将对象复制到 Windows 剪贴板		
		〈F3〉	切换 OSNAP
〈Ctrl+Shift+E〉	支持使用隐含面，并允许拉伸选择的面	〈F4〉	切换 3DOSNAP（仅限于 AutoCAD）或切换 TABMODE（仅限于 AutoCAD LT）
〈Ctrl+Shift+H〉	使用 HIDEPALETTES 和 SHOWPALE-TTES 切换选项板的显示		
〈Ctrl+Shift+I〉	切换推断约束（仅限于 AutoCAD）	〈F5〉	切换 ISOPLANE
〈Ctrl+Shift+L〉	选择以前选定的对象	〈F6〉	切换 UCSDETECT（仅限于 AutoCAD）
〈Ctrl+Shift+P〉	切换"快捷特性"界面	〈F7〉	切换 GRIDMODE
〈Ctrl+Shift+S〉	显示"另存为"对话框	〈F8〉	切换 ORTHOMODE
〈Ctrl+Shift+V〉	将 Windows 剪贴板中的数据作为块进行粘贴	〈F9〉	切换 SNAPMODE
		〈F10〉	切换极轴追踪
〈Ctrl+Shift+Y〉	切换三维对象捕捉模式（仅限于 Au-toCAD）	〈F11〉	切换对象捕捉追踪
		〈F12〉	切换动态输入